GUANGJIDIAN YITIHUA
YIQI ROUXING JICHENG
GUANJIAN JISHU YANJIU

光机电一体化仪器柔性集成

关键技术研究

吴国新 著

中央民族大学出版社

图书在版编目（ＣＩＰ）数据

光机电一体化仪器柔性集成关键技术研究/吴国新著. —北京：
中央民族大学出版社，2018.5（重印）

ISBN 978 - 7 - 5660 - 1349 - 1

Ⅰ.①光…　Ⅱ.①吴…　Ⅲ.①光电仪器—柔性制造系统
Ⅳ.①TH89

中国版本图书馆 CIP 数据核字（2017）第 110214 号

光机电一体化仪器柔性集成关键技术研究

作　　者	吴国新
责任编辑	李苏幸
封面设计	舒刚卫
出 版 者	中央民族大学出版社
	北京市海淀区中关村南大街 27 号　邮编：100081
	电话：68472815（发行部）　传真：68932751（发行部）
	68932218（总编室）　　　　68932447（办公室）
发 行 者	全国各地新华书店
印 刷 厂	北京建宏印刷有限公司
开　　本	787 × 1092（毫米）　1/16　印张：13.5
字　　数	240 千字
版　　次	2018 年 5 月第 3 次印刷
书　　号	ISBN 978 - 7 - 5660 - 1349 - 1
定　　价	48.00 元

前　　言

　　仪器发展水平是国家经济发展和现代制造业水平的重要标志,我国仪器产业技术水平与国外先进水平比较,尚存在较大差距。针对仪器的研发方式相对单一滞后,对市场动态响应速度慢,产品技术高附加值低,竞争能力差等主要问题,本书提出了一种面向光机电一体化仪器的柔性集成开发方法,运用柔性集成技术提高研发水平并加快研发速度,在复杂多变的市场环境中,探求一种能及时满足顾客需求的仪器产品集成开发新模式,结合光机电一体化仪器产品高技术、多品种、小批量等特点,主要进行以下几方面研究工作的分析与阐述:

　　(1)柔性化集成研发光机电一体化仪器产品的思路与途径。分析并提出了仪器柔性集成系统理念与内涵,针对构建仪器柔性集成系统的具体实践过程,建立了系统集成与柔性化集成的机制途径。将仪器研发设计、系统集成与优化、实验调试等环节作为一个体系进行柔性集成研究,实现了各个研发环节的信息柔性互联与共享,达到解决仪器共性与非共性技术的柔性集成研发的目的。

　　(2)面向光机电一体化仪器的柔性集成方法。提出一种基于网络化协同设计的仪器结构设计方法以及实现光机电一体化仪器的二次集成优化设计方法。对光机电一体化仪器的柔性集成方法关键技术具体实践研究,通过提供硬件集成机制及环境,建立网络化协同设计结构,提出面向网络化协同设计的多目标优化算法,建立基于 TRIZ 理论体系的优化设计方法,解决仪器产品柔性集成过程中的设计问题;建立光机电一体化仪器测控系统的柔性可重构研发系统,通过对现有结构、模块以及子系统的重新组合,来达到快速构建仪器测控系统的要求;面向精密温控仪器提出多级递阶智能集成控制方法,柔性集成仪器随机误差处理方法,系统非线性校正误差处理方法以及基于小波变换阈值的信号滤波处理方法等典型关键技术。

　　(3)柔性集成智能控件化的虚拟仪器系统。通过具体研发机电一体化仪器系统实践过程,阐述建立柔性化可重构虚拟控件模型的方式方法,将虚拟控件模型与仪器开发建立融合统一的模型，柔性化可重构地建立虚拟控件与仪器功能的互联通信，并通过实验研究实践验证了系列柔性可重构虚拟控件的柔性集成效果。

（4）建立面向仪器柔性集成开发的多属性综合评价模型。提出基于小波网络的综合评价方法，从功能评价角度建立综合评价体系，给出由评价指标属性值到输出综合评价值的非线性映射关系的多属性综合评价过程，通过反馈实现对仪器功能设计环节的重构集成与优化；研究柔性集成仪器理论误差、工艺误差、动态误差、温度误差和随时间变化误差的处理方法，给出最大误差法、概率计算法和综合计算法，实现了对仪器精度误差的柔性集成化评判分析。

（5）具体构建仪器柔性集成开发的实践验证系统。基于该实践验证系统，提供了为光机电一体化仪器的集成开发所需的资源共享、柔性环境、信息互联、综合评价等关键技术支撑，以实践应用方式研究了典型光机电一体化仪器的柔性集成开发过程，实验验证了柔性集成机制、柔性互联方法以及集成资源的应用效果，该方法与途径是快速柔性化集成研发不同仪器系统的有效途径。

本书所阐述的内容有利于扩展光机电一体化仪器柔性集成研发的模式定位，有利于提高仪器产品柔性化、集成化、智能化、网络化、最优化、系统化等开发特点，能够适应协同设计、智能设计、虚拟设计、创新设计、资源节约设计、全生命周期设计等现代仪器产品开发的发展方向。

本书在写作过程中参考或引用了许多学者的资料，作者已尽可能在文末的参考文献中列出，在此，谨对他们表示衷心的感谢。若某些引用资料由于作者疏忽等原因没有标注其出处，在此表示歉意。

本书得到了北京市教育委员会科技发展计划重点资助项目"光机电一体化测量分析仪器系列产品的数字化智能化技术研究"；国家外国专家局国际科研合作项目"面向光机电一体化测控系统的人工智能技术"；北京市教育委员会学术创新团队计划项目"面向光机电一体化的现代测控技术研究及应用开发平台建设"及北京市属高等学校青年拔尖人才培育计划项目（CIT&TCD201404120）、北京市优秀人才培养资助项目（2013D005007000009）、现代测控技术教育部重点实验室、机电系统测控北京市重点实验室等项目的资助，在此一并表示感谢。

由于光机电一体化技术还在不断地发展，作者热诚欢迎各位专家学者对本书提出宝贵建议，希望能通过与各位的交流提高相关领域的研究水平。

作　者

2016 年 12 月

目　录

第1章 绪 论

1.1 仪器集成开发的发展概况

仪器整体发展水平是国家综合国力的重要标志之一，现代仪器发展水平是国家经济发展和现代制造业水平指向标，在国家经济建设中有着举足轻重的作用。仪器与测试技术已是当代促进生产的一个主流环节，在工业生产中，仪器仪表是"倍增器"。现代化大生产，如发电、炼油、化工、冶金、飞机和汽车制造，离开了只占企业固定资产大约10%的各种测量与控制装置就不能正常安全生产，更难以创造巨额的产值和利润。根据美国商业部（NBS）评估：美国仪器仪表产业对国民经济总产值（GNP）的影响力达到75%；在国家中长期（2006—2020年）科学和技术发展规划纲要中，仪器仪表也被列入重点领域的优先主题；在国家仪器技术发展有关报告中强调了其重要战略地位和研发工作的迫切性。

欧美日等发达国家地区已将"发展一流科学仪器，支撑一流科研工作"作为国家战略，对科学仪器的装备和创新给予了重点扶持。美国联邦政府利用产业政策扶助，通过多个部门合作、合同、直接拨款等方式，促进新技术研发及仪器仪表产业的发展；日本于2002年就制定了高精密科学仪器振兴计划，岛津公司的田中耕一因在仪器方面的杰出贡献而获得诺贝尔奖后，日本文部科学省更是斥巨资（100亿日元）开发世界尖端的分析计算测量仪器，以催生更多诺贝尔奖级的科研成果；欧盟在"第六框架计划"（2002—2006）中将"操纵和控制设备和仪器的开发"列为纳米技术和纳米科学领域的重点内容，在"第七框架计划"（2007—2013年）中，斥资41亿欧元主要用于辐射源、望远镜和数据库等新型研究基础设施建设；加拿大自然科学与工程研究理事会制定了"研究工具、仪器和设施计划"等。

然而，当前我国在作为科技发展基础的科学仪器与装备方面与科技发达国家的差距较大，对科技发达国家的依赖性较大，应对可能出现遏制的抗衡能力较脆弱。我国每年形成固定资产的上万亿元投资中，60%以上用于进口设备及相关仪器，且关键的高端精密仪器主要依赖进口，其中重要瓶颈问题之一就是研发技术及研发装备的滞后。要想建立起开发高端精密仪器产品的基础条件，就应该提高仪器研发装备（本体也为仪器系统）的关键技术水平；要想产品能适应快速多变的市场需求，就应该不断解决仪器产品开发涉及共性关键技术问题；要想产品具有柔性化集成化的特点，就应该加强仪器研发模式的柔性化、集成化程度。

目前，研究人员对柔性机制、集成技术等进行了相关研究，但针对仪器柔性集成系统，还有一些问题需要解决。由于具体的仪器有非共性及不可移植性特点，仍然需要在仪器柔性集成系统理念和集成开发的关键技术等方面深入进行理论与实验研究。因此，提出一种面向光机电一体化仪器研发的柔性集成技术，进行柔性机制与集成技术的理论研究与实验研究，已经成为相关领域中的重要研究课题之一。

1.2 光机电一体化仪器的发展过程综述

光机电一体化仪器的发展经历了很长时间，大致可以划分为三代。第一代为指针式（或模拟式）仪器，如指针式万用表、功率表等。第二代为数字式仪器，如数字电压表、数字功率计、数字频率计等。第三代为智能式仪器。随着微电子技术的发展，20世纪70年代初，出现了第一个微处理器芯片。作为微型计算机渗透到仪器科学与技术领域并得到充分应用的结果，在该领域出现了完全突破传统概念的新一代仪器——智能仪器。从智能仪器发展的状况来看，其结构有两种基本类型，即微机内嵌式及微机扩展式。将单片或多片微处理器与仪器有机地结合在一起形成单机的方式为微机内嵌式。微处理器在其中起控制及数据处理作用，其特点主要是：专用或多功能；采用小型化、便携或手持式结构；干电池供电；易于密封，适应恶劣环境，成本较低。目前微机内嵌式智能仪器在工业控制、科学研究、军工企业、家用电器等方面广为应用，其基本结构如图1.1所示。

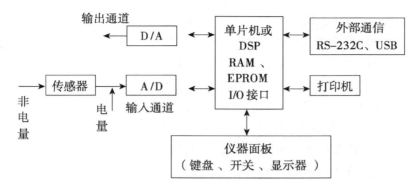

图 1.1　微机内嵌式智能仪器的基本结构

20 世纪 80 年代以来，出现了基于个人计算机总线的插卡式仪器并得到快速发展，这种仪器称为微机扩展式智能仪器，亦称 PC 卡式仪器（Personal Computer Card Instrument，PCCI，也称 PCI）。PCI 充分利用 PC 的软硬件资源，使仪器设计灵活快捷，仪器的软硬件随着 PC 的发展而快速发展。PCI 的结构如图 1.2 所示。

1987 年出现了 VXI 卡式仪器（VME Bus Xtension for Instrumentation，VXI），这种仪器具有性能稳定可靠、标准开发、结构紧凑、数据吞吐能力强等优点，成了大型高精度测试系统的发展主流。1997 年，出现了基于 PXI 总线（PCI eXtensions for Instrumentation，PXI）标准的测控仪器；1999 年，出现了基于通用串行总线接口（Universal Serial Bus，USB）标准的虚拟仪器，实现即插即用，方便灵活的应用。随着硬件的完善，标准化插件的不断增多，组成 PCI 的硬件工作量越来越少。

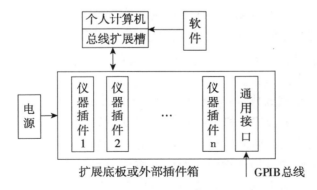

图 1.2　PCI 结构图

数字化、智能化和集成化是当代仪器系统的发展趋势，智能传感器技术的发展也导致开发光机电一体化仪器产品时采用了众多新型敏感材料。网络通信技术的逐步成熟发展也为仪器产品提供了各种高可靠、低功耗、低成本、微体积的网络接口芯片。此外，A/D 等新器件的发展与单片机及 DSP 的广泛应用也显著增强仪器的功能与测量范围，同时大大简化了仪器的结构。片上系统（System on Chip，SoC）的发展更是为光机电一体化仪器的开发及性能提高开辟了更加广阔的前景。虚拟仪器的出现是对传统硬件仪器观念的一次变革，是 21 世纪测控仪器的重要发展方向。从虚拟仪器的角度来看，不同仪器的区别仅是应用软件的不同。结合高速发展的网络技术和计算机总线技术，再加上测控任务的复杂化以及远程监测任务等迫切需求，促进了测控仪器向网络化的方向快速发展。随着无线通信技术的发展，基于手机的无线通信网络化仪器以及基于无线 Internet 的网络化仪器等新兴的网络化测试仪器也必将改变人类的生活。

由此可见，科学技术的飞速发展，促进了光机电一体化仪器的新技术、新成果的层出不穷。目前，已远远超出"光机电一体化"这个概念，除了加入计算机技术，还大量引进日新月异的高新技术，总体来讲，光机电一体化仪器发展的技术特点涵盖了以下特点：

（1）研究领域进一步扩大，研究的尺度进一步向极端发展，大至宇宙、太空，小至介观和微观，发展超快时间分辨和超高空间分辨技术已成为仪器发展的追求目标。

（2）仪器的研究开发趋向智能化、微型化、集成化、芯片化及系统工程化方向发展。

（3）仪器正由单台智能化逐步走向通用模块化并实现即插即用、灵活方便地组成针对不同对象的自动测试系统；难于实现网络化的大型科学仪器，向更高的测量精度、可靠性和环境适应性方向发展，并普遍具有自补偿、自诊断、故障处理等智能化功能。

（4）注重系统集成技术，不仅着眼于单机，更注重系统、产品的软化设计。

如何有效地解决上述光机电一体化仪器发展的技术特点，实现仪器产品的智能化、集成化发展；如何确定仪器产品的开发模式与研制方式；在复杂、多变和高度不确定性的市场环境中，如何迅捷组织和实施新产品的开发，并能够及时满足快速多变的市场需求，是探求光机电一体化仪器产品开发新途径的核心与难点。

1.3 光机电一体化仪器的研发过程综述

光机电一体化仪器产品的研发不仅涉及许多的共性技术（如：典型光机电机构、多类测控子系统、接口等），还涉及许多非共性技术（如：多品种、小批量、用户需求等）。此外，仪器产品智能化、集成化的快速发展，也要求研发过程需要适应系统更新升级快、可重构和易维护等特点。仪器集成开发环境可以说是混沌性的环境，要想实现新产品的柔性化集成开发更加复杂，更加困难。据文献资料显示，新产品开发中消费品开发成功率为 40%，工业产品开发成功率仅为 20%，服务类产品为 18%，而对国外 700 个工业企业的调查结果显示，新产品开发综合成功率也仅为 65%。

目前，企业在仪器产品的开发上一般采用顺序工程方法。该方法在设计过程中很难及早考虑制造过程、质量保证等问题，使得开发的产品难以满足需求，这必然要求修改设计，使产品开发过程变成设计、加工、试验、修改设计的大循环，而且可能多次地重复设计过程，从而造成设计改动大、产品开发周期长、开发成本高等问题，难以满足多变及高度不确定的市场需求。

Pahl G. 和 Beitz W. 等将产品开发过程进行了规划，将其划分为明确任务、概念设计、技术设计和施工设计四个阶段，新产品开发过程就是实现产品功能到作用原理，再到结构载体域映射的推理过程。该研发方法给出了特定地集成化开发仪器产品的模式，能够有效提高仪器产品集成开发的速度，并且开发过程具有可重构易维护的特点。F. Pezzella，G. 提出了一种柔性作业车间调度问题（Flexible Job－shop Scheduling Problem，FJSP）遗传算法，结合生成初始种群不同的策略，将更多的策略通过柔性集成得到更加的解决方法。Pareto 最优方法的模糊逻辑和进化算法的融合也被用来求解柔性作业车间调度问题，实现调度过程的多目标优化。但是，这些柔性集成的产品开发对其开发对象的适应面具有局限性，往往开发对象的改变会影响到整个结构载体域映射推理的过程，该技术方法的柔性化程度需要进一步提高。

专家系统也被广泛运用到光机电一体化仪器产品的开发中来，可以利用专家系统的知识表示方法，如：实例、产生式规则、本体、多智能主体、框架、人工神经网络等方法，为仪器产品的开发构建专家系统，从而实现集成化快速开发新产品。Andrei D. 就如何柔性调度具有大型数据分布其不同粒度的组播系统建立 WDM 专家系统，以智能化、动态生成树木网络状态的方式，实现了柔性调度仪器系统的集成与开发。以上研究表明，构建一种类型的专家系统往往能够有效解决光机电一体化仪器产品研发过程的共性技术，但很难适应仪器产品多品种、小批量的非共性技术的开发。

另外，在创新设计学中，TRIZ 理论体系（TRIZ 是俄文"发明问题解决理论"的读音首字母缩写）占据最显著的地位。TRIZ 认为，是新的作用原理的采用才使得产品向更高层次进化。进化是通过解决矛盾冲突来推动的，TRIZ 是面向人的方法，引导设计者描述当前设计存在的矛盾冲突，根据冲突双方的种类在四十种发明原理中推荐多个发明原理，让设计者根据所推荐的发明原理进行思考，促进设计者找到新的适用的作用原理实现创新。TRIZ 理论体系指出：矛盾冲突分析是新产品产品设计中与开发最具创造性的步骤。如何有效地将该理论体系融合到光机电一体化仪器产品的柔性化集成研发过程中，提高研发的集成化、柔性化、快速化程度是需研究的关键问题之一。

并行工程（Concurrent Engineering，CE）是集成地、并行地设计开发产品及其相关的各种过程（包括制造过程和支撑过程）的系统方法。这种方法也越来越得到仪器产品开发人员的重视，它要求产品开发人员一开始就要从产品整个生命周期考虑，从概念形成到产品报废的所有因素，包括质量、成本、进度计划和用户要求，都要在产品的开发中得到兼顾与体现。根据这一定义，并行工程是跨学科开发团队在一起并行协同工作的方式，对产品设计、工艺、制造等上下游各方面进行同时考虑和并行交叉设计开发，及时地交流信息，使各种问题尽早暴露，共同加以解决。并行工程是制造研发新产品的组织形式，是仪器柔性集成系统柔性机制与集成技术的重要理论基础之一。

如今，计算机信息技术与网络通信技术的快速发展，导致计算机支撑的协同工作（Computer Support Cooperative Work，CSCW）技术发展迅速，得到人们越来越多的关注，成为一个研究热点。利用计算机与通信技术进行产品协同开发的方式形成了一种新的产品开发模式——产品协同开发模式。基于该模式可大大提高开发效率，降低开发成本，增强新产品的模块化、柔性化特点。网络组织新产品协调设计是一种新兴的产品设计方式，目的是使分布在不同地点的产品设计人员以及其他相关人员通过网络采用各种各样的计算机辅助工具协同地进行产品设计活动，实现产品信息的共享和交换、设计方案的讨论、设计结果的检查与修改，CSCW 平台是构成仪器柔性集成系统的基本开发模式之一。

在仪器制造与开发过程中，如何实现整个过程的柔性化综合协调与管理，达到合理分配开发资源、快速实现市场响应，也是目前仪器开发过程中值得关注并急需探讨的一种发展趋势。综合分析柔性管理是过程管理领域的重要研究内容和应用热点。经过国内外学者和软件开发人员的不懈努力，柔性过程管理已经成为一个专门的研究和应用领域。综合分析柔性管理在实际工程应用与产品开发中，能够灵活说明开发过程的活动节点和其路径结构，能够对正在进行的开发过程按照一定的控制策略进行动态性改变。

在光机电一体化仪器制造柔性集成系统的柔性化、集成化开发研究中，可以利用综合分析柔性管理技术和方法对仪器柔性集成系统的开发能力、兼容性、自适应性进行柔性化协调管理。研究综合分析柔性管理的理论和方法体系，针对仪器开发固有特征建立相应的柔性内涵、基本定义、柔性策略等，促进系统柔性开发与实际需求相结合，充分运用各种信息技术的更新与发展，为不同行业不同领域的仪器应用研究开发不同系列产品。

如何评价仪器柔性集成系统的适应性及柔性，成为评判柔性集成系统实现快速产品集成开发效果的必要手段之一。目前，对柔性具体内涵的定义和说明，其标准的界定还没有得到统一的认识。不同文献提出了与柔性相似的词语，如自适应性、动态性、灵活性、变更、异常处理等，这些词语描述了柔性的不同方面。规范柔性评价标准是进行柔性理论与方法研究、系统柔性化评价的重要依据，因此，对柔性的定义及其评价标准的确定是评价仪器柔性集成系统的适应性、柔性化价值的前提。

光机电一体化仪器柔性集成研发的模式定位往往也是主要的技术难点之一。新产品开发模式经历了分阶段产品开发模式（Phased Product Development，PPD）到集成产品开发模式（Integrated Product Development，IPD），然后到柔性产品开发模式（Flexible Product Development，FPD）的变化，最后发展到动态产品开发模式（Dynamic Product Development，DPD）。PPD 模式注重新产品开发各阶段的分工和效率的提高；IPD 模式注重新产品开发过程、开发资源整合及开发过程系统管理，以追求整个开发过程的最优化；FPD 模式注重新产品开发过程运作的弹性和柔性化管理，注重通过实现开发人员同顾客之间的充分沟通使新产品开发准确、及时、灵活地反映市场需求的变动；基于时间的竞争要求缩短研究开发和生产时间的形势下，DPD 模式注重最大限度地压缩企业新产品研究开发活动，以获得产品和时间上的双重竞争优势。同时指出产品开发过程的动态性表现为产品开发目标和任务组成的动态调整。

综上所述的产品设计及产品开发方法，对仪器开发具有广泛的推动与促进作用，而如何考虑仪器柔性集成系统的协同性、系统性、动态性，实现柔性化、集成化开发产品还缺乏深入研究。从仪器产品的设计与开发趋势来看，协同设计、智能设计、虚拟设计、创新设计、资源节约设计、全生命周期设计等方法代表了现代仪器产品开发模式的发展方向。其主要特点体现在：柔性化、集成化、智能化、网络化、最优化、系统化等。

根据现有仪器开发的研究特点与发展趋势，在仪器产品的柔性化、集成化开发装备和研发技术上，可以围绕以下几个关键技术问题，对光机电一体化仪器的柔性集成开展研究工作：

1. 仪器柔性集成系统的运行机制与结构构成

在仪器柔性集成系统有限的集成资源与柔性条件下，如何采用面向对象、构建等集成化关键技术，实现产品的模块化、功能化快速集成开发，是体现柔性集成系统运行机制有效性的关键所在。

此外，用户的隐性需求得不到满足。如果一个产品根据用户的较为明确、完整地加以表述的显性需求，成功开发而推向市场后，用户的一些较为含糊、不能明确表达的隐性需求才会暴露出来。这时，新产品系统需要不断地修改，如果没有一个柔性化适用化开发系统就会很难得到迅速修改。即使是同一种仪器产品，其功能、成本、适用面、个性化等多样性的特征也是导致开发系统适用性下降，柔性化程度降低的重要因素。

2. 柔性化、集成化的产品开发资源的合理调度与利用

针对开发系统中存在的大量不同种类的产品开发资源与装备，需要提供一种柔性化机制，将这些开发资源与装备与具体的开发对象之间建立起有效的衔接与集成关系，在此方面还没有明确的阐述与理论指导。柔性化、集成化的产品开发是不可中断的，从分析问题的提出，开发资源的利用，再到柔性研发系统的合理运行，都提出应该建立一种动态资源互联的调度分配策略，以提高研发效率，而有效地避免死锁或过程的中断。比如：在产品设计时，单单设计工具就可能涉及计算机辅助设计（Computer Aided Design，CAD）、面向制造与装配的设计（Design For Manufacture & Assembly，DFMA）、虚拟样机系统等。

3. 面向仪器创新开发的网络化协同集成设计

不同产品需要大量知识资源，不但需要获取适用的知识，还需要进行知识

的融合与创新。融合与创新的思维模型与开发系统的协同决策往往会因不同的开发对象而改变。因此，产品开发方法与提供仪器开发的支持工具与装备还缺乏足够基础。如果没有一种面向仪器的柔性集成系统，提供能够网络互联适配的柔性互联集成资源，很难有效地组织起大量分布的知识资源，更加难以利用这些资源的集成与融合实现新产品开发。提出一种面向光机电一体化仪器的网络化协同创新设计方法，不仅能够有效利用创新设计方法与设计知识资源，还要实现并有效组织起不同创新模式与思维模型，达到集成化、柔性化、快速化协同设计的目的。

4. 典型仪器数字信号处理的柔性化集成方法

近 30 年来，数字信号处理技术在其理论和算法不断得到丰富发展的同时，其实现手段也取得了突飞猛进的发展。现代仪器仪表智能化、多功能化、小型化等发展趋势无一不与数字信号处理技术的应用有着紧密的联系。根据信号处理的目的不同，在典型光机电一体化测量控制仪器领域的应用中，数字信号处理技术一般可分成三类：一是以剔除信号中的噪声为目的的数字滤波技术，二是以估计、提取信号的相关信息为目的的数字信号分析技术，三是在信号分析的基础上，进行精密控制、信息识别、判断等技术。针对典型光机电一体化仪器产品的柔性化、集成化开发过程，如何合理有效地选择最优信号处理方法是研究的关键。

5. 面向光机电一体化仪器产品的多属性综合评价方法

综合评价（Comprehensive Evaluation，CE）是指对被评价对象所进行的客观、公正、合理的全面评价。如果把被评价对象设定为光机电一体化仪器产品，综合评价问题可抽象地表述为：在若干个（同类）仪器产品中，如何确认哪个产品的运行（或发展）状况好，哪个产品的运行（或发展）状况差，这是一类常见的所谓综合判断问题，即多属性（或多指标）综合评价问题。多属性综合评价的理论、方法在管理科学与工程领域中占有重要地位，已成为经济管理、工业工程及决策等领域中不可缺少的重要内容。针对仪器柔性化、集成化开发光机电一体化仪器产品的过程，如何具体评价研发功能的柔性化、集成化程度需要有一个综合指标来体现；如何建立面向新研发光机电一体化仪器新产品的综合评价环节，快速做出合理准确的多属性综合指标评价结论，实现对集成研发过程的二次集成优化，增强集成系统柔性也是柔性集成开发研究的关键问题。

1.4　光机电一体化仪器柔性集成的关键技术综述

结合以上仪器研发关键技术问题以及发展趋势，提出面向光机电一体化仪器柔性集成研发的新理念，阐明其运行原理和柔性集成研发特点，提出其具体柔性集成机制与信息互联方法。兼顾考虑集成系统柔性集成关键技术的适用面与有效性，研究并提出面向光机电一体化仪器柔性集成的关键技术与方法，研究并构建仪器柔性集成系统进行实验研究开发光机电一体化仪器系统。仪器柔性集成系统的柔性集成关键技术具有典型性，符合光机电一体化仪器产品的集成开发，能够为光机电一体化仪器产品开发提供创新模式，具有快速实现动态衔接开发理论与集成资源柔性互联的智能化功能，能够成为光机电一体化仪器制造的发展方向。

围绕光机电一体化仪器系统的柔性化、集成化关键技术，研究采用新技术、新方法构建仪器产品共性技术的集成资源，采用柔性化、集成化研发方式，提高研发装备对仪器产品非共性技术开发的途径与协调能力，提出建立面向光机电一体化仪器的柔性集成开发系统，实践验证建立了仪器柔性集成系统的集成资源与开发装备途径。

针对光机电一体化仪器产品制造具有高技术、多品种、小批量等特点，提出面向仪器制造的柔性集成系统理念，提出柔性集成机理，特别是在其柔性集成、信息互联、系统资源共享等技术支撑结构设计与运行原理方面进行研究。

提出一种光机电一体化仪器柔性集成的设计方法。柔性集成网络协同设计、并行设计、TRIZ 创新理论体系以及硬件集成机制环境，解决仪器柔性化集成设计问题；研究并建立面向光机电一体化仪器可重构虚拟控件的柔性集成设计，通过建立秦氏模型虚拟仪器开发系统模型，柔性集成开发系列柔性化可重构虚拟控件，提供多种光机电一体化仪器产品所需的支撑软件控件。

提出面向光机电一体化仪器柔性集成的典型信号处理方法。柔性集成多级递阶智能控制方法，克服仪器随机误差的滤波方法，仪器系统的非线性校正方法以及基于小波变换阈值去噪方法，快速实现多类型、多品种、不同功能需求的光机电一体化仪器系统典型信号处理的集成研发。

建立面向光机电一体化仪器柔性集成系统的多属性综合评价体系。提出基于小波网络的综合评价方法以及多种仪器精度判定方法，通过信息反馈实现仪器柔性集成的分层次集成与优化、参数重构集成与优化以及功能重构集成与优化。研究并柔性集成仪器理论误差、工艺误差、动态误差、温度误差和随时间变化误差的处理方法，给出最大误差法、概率计算法和综合计算法，实现对仪器精度误差的柔性集成化评判分析。

构建面向光机电一体化仪器的柔性集成系统，并进行典型仪器产品柔性集成的实验研究，实验验证仪器柔性集成系统的柔性化集成机制、集成资源、柔性互联等关键技术的适用性与有效性。

1.5　仪器柔性集成对传统产品测控系统的技术提升途径

采用光机电一体化仪器柔性集成研发的新理念，构建柔性研发平台，对原传统产品测控系统进行分层次提升：

（1）构建 SOC 处理器、ARM 系统为核心的测控系统开发环境和工具库，利用该资源能够在保持低成本的同时，明显提升数据处理能力、自动化水平和测试速度，提高可靠性和测量精度；主要用于对原手工操作测量和读数的产品的改造和提升。

（2）构建具有多任务操作系统 Windows CE. NET 支持的嵌入式高性价比测控系统资源，利用该资源能够使新型系统既具有单片机的体积，又具有系统微机的数据处理和网络通信的能力，显著提高系统的集成化、智能化和网络化的水平，同时改善测量精度和系统稳定性；主要用于对原有以低水平单片机为核心的产品的改造和提升。

（3）构建具有基于虚拟仪器技术的测控系统资源（开发环境及有关仪器库、工具库软件等），利用该资源能够提高原系统的一体化、数字化和智能化水平，研发的新型仪器系统分析精度高，并具有结构简单、体积小、重量轻、操作方便和界面友好等特点；主要用于原已配置微机系统的高端产品的提升和改进。

通过柔性研发平台，使共性关键技术得到共享和提升，为非共性技术提供研发资源和手段。

利用柔性研发平台的光机电系统、接口和总线的互联、调控和反馈能力，根据仪器各自特点，利用平台软硬件资源自由组合，提取核心关键技术，快速可靠准确地构建新系统，实现新产品开发。

利用柔性研发平台实践开发仪器系列测控系统及成套分析软件，提高仪器系统分析精度和可靠性，提高仪器系统的抗干扰能力和环境适应能力，有利于进而实现新系统实用化、产品化和产业化。

在柔性研发平台上装备多种类型的实验仿真系统，这些实验仿真系统建立在基于知识的专家系统框架上，通过仿真知识库、数学模型、数据库以及资源网络互联机制，生成和优化输出函数及输出模型，实现快速改进和重构仪器系统，扩展仪器系统功能，加速实现产品化。

研发平台配套了光电分析类仪器实验系统、安全监测类仪器实验系统、传感器系统类实验系统等实验调试系统，如：光电检测及标定实验台、光机电精密运动协调测控实验台、信号处理系统（美国 NI 软件包系统、SDES 诊断专家系统、INV303/INV306 信号采集处理系统、DASP2003 测试分析系统、PXI 数据采集系统等）、智能专家系统及软件分析系统（中科院 OKPS 智能专家系统、KNOWD 知识挖掘工具及知识库、推理机、数据库以及解释程序、知识获取程序等实验系统等）、故障模拟实验系统（美国本特利 RK4 型旋转机械实验台、美国 RECIP – TRAP 9260 往复机械实验台、自行研制的破坏性实验台等）、传感器可靠性及精度校准实验系统等。

利用这些实验调试系统，进行系列化仪器系统的多种实验研究，实现仪器系统的多种检测、标定和试验验证。

第2章　光机电一体化仪器柔性集成机理

仪器产品的开发装备是制约仪器产品先进性与可靠性的重要因素。构建面向光机电一体化仪器的柔性集成系统，应该首先从仪器柔性集成开发的构成机理分析入手，选择合适的研究途径并确定研究方法与技术手段。

针对光机电一体化仪器开发的技术特征和构成原理，本章提出了仪器柔性集成系统的构成理念、结构内涵、功能机制以及互联方式；提出了仪器柔性集成系统运行方法与结构构成，提出了仪器集成系统实现产品快速集成、柔性互联运行途径；给出了建立仪器柔性集成系统的硬件与软件资源构成。

2.1　仪器柔性集成系统理念

2.1.1　仪器柔性研发的技术特征

光机电一体化仪器研发涉及许多共性技术，它们包括：典型光机电机构、多类测控子系统、接口、总线、通信以及应用软件系统（开发环境：操作系统、驱动程序、软件工具库、虚拟仪器库等；数据处理库：算法程序模块、智能分析模块）等。

光机电一体化仪器研发也涉及许多非共性技术，产生的因素包括：仪器制造业产品具有高技术、多品种、小批量的特点；不同用户往往提出不同应用需求；同一类型仪器也有因用户需要不同（如：功能需求、现场条件、价位限制等），仪器的构成也会很不相同；产品开发的硬件环境和软件环境多样化，需兼容商业化配套软硬件系统。

面对光机电一体化仪器研发中的共性和非共性技术，若能研究一种针对仪器集成开发的柔性集成系统，在系统集成过程中对共性技术、非共性技术分别侧重利用，即：对于共性技术，利用集成系统的集成资源来进行快速集成；对于非共性技术，利用集成系统的柔性化机制进行快速柔性集成；则可提高研发技术水平并加快研发速度。

需要考虑的研究要素主要有以下几点：

1. 系统智能自动化技术

研究内容包括数字化自动测量和优化控制、非线性自校正、自校零与自校准、自补偿、量程自动切换和自诊断等。

2. 分析智能化技术

在数据处理方面，研究内容包括：典型信息智能处理、误差精度处理、零点平移、平均值、极值、统计分析和故障自检等；在提高精度方面，研究内容包括：消除由漂移、增益变化和干扰等引起的误差等；在专家系统深层次分析方面，研究内容包括：构造专家系统智能集成的框架、智能系统支撑环境以及智能分析算法的集成等。

3. 创新设计方法

从系统结构创新设计入手寻求突破口，分析设计理念、设计路线、优化设计结合点等柔性集成问题。在仪器柔性集成系统中柔性集成计算机辅助设计、TRIZ 理论体系、网络协同并行设计、ARIZ 发明问题解决算法等，快速实现仪器结构设计。

4. 虚拟仪器技术

研究基于虚拟仪器的智能集成技术，构造开放的、易维护的、可重构的信息集成系统，提供能对工作对象、工作环境、工作参数以及自身状态更具有适应性的虚拟仪器结构，从而实现多种显示仪表、开关、调节旋钮等虚拟控件的集成化开发。

5. 柔性集成与重构技术

从系统结构的实验验证与功能评价角度，建立面向仪器柔性集成系统适用性与可行性的多属性综合评价体系，利用评价信息的反馈实现对仪器功能和参数的重构集成与优化。

通过对以上关键技术方法的研究、综合与应用，构建仪器柔性集成系统，围绕光机电一体化仪器系统的实时性、实用性、稳定性进行仪器产品的集成设计和优化。

2.1.2　仪器柔性集成系统的内涵

针对光机电一体化仪器产品开发的技术特征和集成化柔性开发要素，从系统集成开发的角度出发，构建系统的需求模型、体系结构模型和功能模型，并根据模型创建系统开发资源，在系统的开发实践阶段，将系统的这些开发思想与模型与对象个体进行有机融合，最终实现个体仪器开发的完善模型。仪器柔性集成系统以光机电一体化技术、现代传感及检测技术、智能化监测分析技术等为核心技术，通过对光机电接口、总线和网络的柔性控制实现主要研发单元的信息互联和资源共享，主要的理论有公理设计和多智能体互联等方法。

仪器柔性集成系统的内涵包括设计过程：如机构、电路等结构设计和参数设计（类似 CAD 设计过程）；还包括主要柔性研发过程：如柔性环境、系统集成、资源利用、支撑应用软件、实验调试、检测标定等研发要素。

由此内涵创建一种适合仪器系统的开放式、柔性化、集成化和智能化的柔性集成系统，并通过信息交换机制、系统接口、总线控制和网络互联实现软硬件资源的共享和有机融合，为传统仪器系列产品的技术改造和提升、新型光机电一体化仪器产品的自主创新设计和快速集成开发提供新的模式和技术装备。

2.1.3　仪器柔性集成系统主要机制

仪器柔性集成系统开发流程提供了明确的控制机制来管理其开发过程。其主要机制为系统集成机制和柔性化机制。

2.1.3.1　系统集成机制

针对分布式的各种开发资源与开发知识，如何实现分享与集成是研究的关键。面对多数仪器系统具有共性技术的特点，构建集成资源，通过信息互联和资源共享的技术支撑，实现快速系统集成。集成资源包括：多类开发环境、典型光机电系统、接口及总线、测控系统、仪器库、软件库、实验系统等。

集成资源与信息互联知识都是开发过程中必不可少的显性资源，集成资源是产品开发明确的需求，利用集成资源，通过寻找集成优化解决方案实现产品开发。如果将产品开发过程看作是利用集成资源推理过程，那么各种显性的集成资源特别是具有共性技术特征的资源则可转化为相应的规则，利用基于规则的集成推理方法，实现各种规则之间相辅相成，实现集成化的信息共享与产品开发。如果将开发过程看作是在由集成资源规则与实际应用知识之间构建的解空间中搜索可行解的过程，则联系集成资源的各种规则，将其中能够建立的数学模型转化为约束条件，构成可行开发资源共享区，落在可行开发资源共享区内的资源为可行解资源，如图2.1所示。

如何适当地运用各种规则模型缩小可行开发资源共享区，加快开发进程是系统有效集成机制的关键。

具体而言，集成资源与实际应用知识之间的发散性搜索的目的在于搜索得到一个合理的开发资源模块型号集，模块型号组合集成后作为新产品的初始群体，达到资源与产品开发的有机结合。

集成资源模块的合理性是基于相似性的，相似性是理想集成解的基础。根据开发对象的功能要求，将产品开发的需求分别定义为其自身表面需求（物理结构等）与内在需求（产品功能、用户需求等）。系统集成过程就是寻求集成资源与产品模块型号间功能相似性的可替代、可集成的关系。

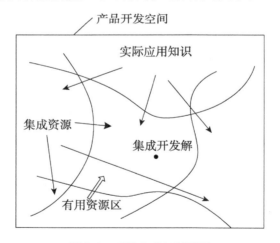

图2.1　系统集成机制模型

采用动态的方法度量集成资源与产品模块型号之间的功能相似性。若给定不同的用户需求结构，则产品模块型号的相似度不恒定。此外，相似性是有向的，从 A 到 B 的相似度不一定等于从 B 到 A 的相似度。系统集成机制建立的系统集成相似性计算方法模型，就考虑了这种有向性原则。

具体系统集成机制模型的建立是通过借用距离来定义的，常用的典型距离定义有：绝对值距离、欧式距离及麦考斯基距离。根据以上对系统集成机制的相似性表达，通过计算集成开发产品物理结构、用户需求等满足度的经验值来提出具体算法。

设产品开发空间为 U，当前产品开发空间为 U'，$U' \in U$；某集成资源模块的型号集合为 S。分别记为：

$$U' = \{ U'_i \mid i = 1,\ 2,\ \cdots,\ n \}\ ;\ S = \{ S_j \mid j = 1,\ 2,\ \cdots,\ m \} \tag{2.1}$$

设 U' 空间中有元素 U_k，设 S 空间中有元素 S_l。则对于当前产品开发空间 U' 而言，从 S_l 到 U_k 的相似度：

$$r_{lk} = \sum_{i=1}^{n} w_i \times VSim\ (t_{ik},\ t_{il}) \tag{2.2}$$

式（2.2）中：$VSim$ 是有方向相似度函数，其方向为从元素 S_l 出发。t_{ik} 和 t_{il} 分别为元素 U_k 和 S_l 对于产品开发空间元素 U'_i 的满足度，且 $t \in [0,\ 1]$，0 表示完全不满足，1 表示完全满足；w_i 是 U'_i 的权重，$0 \leqslant wi \leqslant 1$ 且 $\sum_{i=1}^{n} w_i = 1$。

为了表示这种向更优资源模块型号联想的方向性，将出发点资源模块型号的产品开发空间满足度作为分母，得到：

$$VSim\ (t_{ik},\ t_{il}) = Sim\ (t_{ik},\ t_{il})\ /t_{il} \tag{2.3}$$

式（2.3）中：$Sim\ (t_{ik},\ t_{il})$ 是无方向相似度函数。得到：

$$\begin{aligned}
Sim\ (t_{ik},\ t_{il}) &= \max\ (t_{ik},\ t_{il}) - d\ (t_{ik},\ t_{il}) \\
&= \max\ (t_{ik},\ t_{il}) - (\mid t_{ik},\ t_{il} \mid) \\
&= \min\ (t_{ik},\ t_{il})
\end{aligned} \tag{2.4}$$

式（2.4）中：$d\ (t_{ik},\ t_{il})$ 为属性值 t_{ik} 和 t_{il} 的绝对值距离。综上所述得到：

$$r_{ik} = \sum_{i}^{n} w_i \times \min\ (t_{ik},\ t_{il})\ /t_{il} \tag{2.5}$$

由式（2.5）可以得到：若 $r_{lk} = 1$，则对于当前产品开发空间 U' 的所有元素而言，产品模块型号 U_k 等同于或优于 S_l；若 $r_{lk} < 1$，则对于当前产品开发空间 U' 的所有分量而言，U_k 和 S_l 不完全相同，且模块型号 U_k 在某些方面不如 S_l 能满足产品开发。因此系统可以从模块型号 S_l 出发，选择 r_{lk} 接近 1 的资源模块型号集，就能找到功能相似的，且比较能满足产品开发的模块型号集。

式（2.5）即为仪器柔性集成系统的系统集成机制模型，能够实现集成开发是计算功能相似性并体现有向性原则，满足度存储方式如表 2.1 所示。

表 2.1   满足度存储方式

产品开发	资源模块（基因）A				资源模块（基因）B			
	A_1	A_2	$\cdots$	A_n	B_1	B_2	$\cdots$	B_m
产品开发需求 1	t_{1-A_1}	t_{1-A_2}	$\cdots$	t_{1-A_n}	t_{1-B_1}	t_{1-B_2}	$\cdots$	t_{1-B_m}
$\cdots$	$\cdots$	$\cdots$	$\cdots$	$\cdots$	$\cdots$	$\cdots$	$\cdots$	$\cdots$
产品开发需求 n	t_{n-A_1}	t_{n-A_2}	$\cdots$	t_{n-A_n}	t_{n-B_1}	t_{n-B_2}	$\cdots$	t_{n-B_m}

根据系统集成机制模型及满足度数据，针对当前仪器产品开发的需求，利用集成资源能够为产品开发的需求模块型号寻找到相似集成资源模块型号集合，实现系统的快速集成开发与设计。

2.1.3.2   柔性化集成机制

实际仪器产品的开发往往涉及许多仪器本身的非共性技术特征以及用户对产品的不同需求，必须研究特有的柔性集成环境，通过柔性环境、信息互联和资源共享的技术支撑，才能实现产品的快速柔性化集成开发。因此，构建的仪器柔性集成系统具有柔性化集成机制。

柔性化机制的是通过建立一种软件体系结构，在仪器柔性集成系统运行时，根据实际开发过程前后的变动情况进行改变。同时，提供信息反馈的方式对这些改变加以验证的体系结构。柔性软件体系结构能够接受有变化预期的开发需求，如添加和删除构件，以及软件元素的更新、重配置等。柔性软件体系结构包含两方面内容，一是软件体系结构的动态性，允许体系结构变化的发生；二是体系结构变化的需求，如用户反馈、开发人员指令、资源库更新等。通过分析动态性的不同特性将其分为 3 个级别，如图 2.2 所示。

图 2.2   三级动态性

第一个级别是"交互动态性",它要求数据在固定的结构下动态交互;第二个级别是"结构动态性",它允许对结构进行修改,通常的形式是构件和功能接口实例的添加和删除;第三个级别是"体系结构动态性",这种动态性允许体系结构定义基于体系结构元素的结构改变,如构件和功能接口类型。

为了能在实际开发仪器产品中,实现柔性化动态搜索有效集成资源、产品领域知识、用户隐性需求等开发资源,首先需要建立人机一体柔性集成模型。柔性化机制采用广义优化设计方法,在建模过程上,实现数学模型与非数学模型的集成;在搜索策略上,实现集成人类智能与机器资源及交互优化的智能搜索;在优化规则上,对技术、成本、市场反馈的等各方面因素进行多变量优化;在评价方法上,引入了集成有效性及开发决策能力的综合评估方法。具体建立人机一体柔性集成模型步骤如下:

(1)分析研究开发对象的非共性关键技术与开发特征,找出难以通过系统集成机制实现集成开发的应用需求,建立开发对象的多征兆域特征信息库,以作为柔性集成开发的决策属性;将仪器柔性集成系统的集成资源、人类智能等作为条件属性,构建柔性集成获取仪器开发的知识决策表。

(2)定义:$U=\{1, 2, \cdots, n\}$ 为仪器柔性集成系统集成资源对象集合,即论域的非空有限集合;D 为开发对象的决策属性集合;$C=\{C_1, C_2, \cdots, C_i, \cdots, C_k\}$ 为要求柔性集成系统的条件属性集合,AT 为属性集,$A=C\cup D$,$C\cap D\neq\varnothing$;V 为属性值域,$V=\cup_{a\in A}V_a$;f 为信息函数,指定 U 中的每一个对象 x 在属性 a 下的值。则知识获取的搜索步骤如下:

①取当前各子树叶子,分别进行叶到树根序列的所有上级信息粒的关联运算,获得粒度更小的信息粒;

②求获得的粒度更小的信息粒和各决策信息粒的置信度,如果置信度 γ 为1,则可判断该更小的信息粒表示的属性粒集合可推导出相应的规则为真,即该规则保留;

③如更小的信息粒和各决策信息粒的置信度 γ 都小于1时,则该条件信息子粒相关的叶子留下作为各子树根节待用;

④如所有叶子表示的属性组合都求出决策规则为1,即该规则保留,结束;

⑤在各子树根节点各信息粒决定的对象集合 U 的子集 U' 中计算余下的条件属性粒 C_i 的属性的权重 η;将权重 η 最大的条件属性的几个子信息粒作树叶节点,其余的条件属性留下待用;

⑥将步骤⑤中获得的各子树叶的信息粒，分别和其到树根序列的所有父级信息粒作关联运算，计算获得新的条件关系子粒的关联度；如果关联度小于阈值1，则此树枝可剪除，如全被删除则算法结束；否则即获得一组新的条件关系子粒。

（3）采用规则的置信度和覆盖度作为评价指标对约简后的决策规则进行度量和评价。由于仪器开发的知识决策表中可能包含不一致的开发实例，而各个开发实例的规则性能不同，设 $\{rule_1, rule_2, \cdots, rule_n\}$ 为广义决策规则集合，则每一个规则 $rule_i$ 都确定了一个序列 $c_1(rule_i)$，$c_2(rule_i)$，$\cdots$，$c_n(rule_i)$，$d_1(rule_i)$，$d_2(rule_i)$，$\cdots d_m(rule_i)$，其中 $C' = \{c_1, c_2, \cdots, c_n\}$ 是决策表条件属性集合的子集，$D = \{d\}$ 是决策属性；用粗糙隶属函数的值来表示规则的置信度 α 为：

$$\alpha(rule_i) = \frac{card\left[C'(rule_i) \cap D(rule_i)\right]}{card\left[C^1(rule_i)\right]} \qquad (2.6)$$

式（2.6）中：

$C'(rule_i)$ ——条件属性；

$D(rule_i)$ ——决策属性；

$card(C'(rule_i))$ ——满足规则 $rule_i$ 的条件属性的实例个数。

当 $card(C'(rule_i)) \neq 0$ 时，$card(C'(rule_i)) \cap D(rule_i))$ 表示满足规则 $rule_i$ 的条件属性 $C'(rule_i)$ 和决策属性 $D(rule_i)$ 的实例个数。引入决策规则的覆盖度来表达该决策规则在决策表中同类决策中的覆盖程度，规则的覆盖度定义为：

$$cov\left[(rule_i)\right] = \frac{card\left[C'(rule_i) \cap D(rule_i)\right]}{card\left[D(rule_i)\right]} \qquad (2.7)$$

式（2.7）中：

$C'(rule_i)$ ——条件属性；

$D(rule_i)$ ——决策属性；

$card\left[D(rule_i)\right]$ ——满足规则 $rule_i$ 属性的实例个数；

当 $card\left[D(rule_i)\right] \neq 0$，$card\left[C'(rule_i)\right] \cap D(rule_i)$ 表示满足规则 $rule_i$ 的条件属性 $C'(rule_i)$ 和决策属性 $D(rule_i)$ 的实例个数。

仪器柔性集成系统中各条件属性 C_i 相对于决策属性 D 的权重 η 为：

$$\eta = \begin{cases} \max \theta_{ij}, & \theta_{ij} \in (\theta_{ij}, \rho_{ij}) \\ \max \rho_{ij}, & if\,\theta_{ij}\,相同,\,\rho_{ij} \in (\theta_{ij}, \rho_{ij}) \end{cases} \tag{2.8}$$

式（2.8）中：

θ_{ij}——决策规则 C_{ij} 与决策属性 D 的符合度；

ρ_{ij}——符合度 θ_{ij} 的粒度和。

各条件属性 C_i 相对于决策属性 D 的权重 η 的计算方法如下：

①设条件属性 C_i 的值域是 $\{a_1, a_2, \cdots, a_m\}$，则条件属性 C_i 可以根据取值将对象集合 U 划分成 m 个互不相交的等价类，决策属性 D 的值域是 $\{d_1, d_2, \cdots, d_n\}$，决策属性 D 则根据取值将对象集合 U 划分成 n 个互不相交的等价类，即信息粒；

②根据①划分后得到的信息粒，可以得到条件属性 C_i 和决策属性 D 的基本集分别为 $U/IND\ \{C_i\} = \{C_{i1}, C_{i2}, \cdots, C_{im}\}$ 和 $U/IND\ \{D\} = \{D_1, D_2, \cdots, D_j, \cdots, D_n\}$，进而分别用二进制信息粒矩阵的形式表示条件属性 C_i 和决策属性 D；其中 C_{ij} 是条件属性 C_i 取值为 a_j 的对象集合；D_j 是决策属性 D 取值为 d_j 的对象集合；

如：对于仪器柔性集成系统 S，其对象集合 U 的样本对象个数为 8，某一条件属性 C_i（注 $C_i \in AT$）各对象的取值情况分别为 1，2，3，1，1，2，3，1，则 $C_i = \{1, 2, 3, 1, 1, 2, 3, 1\}$ 可粒化为三个子粒：$C_{i1} = 10011001$、$C_{i2} = 01000100$、$C_{i3} = 00100010$，则粒化后的条件属性 C_i 可用二进制信息粒矩阵表示为：

$$C_i = \begin{bmatrix} C_{i1} \\ C_{i2} \\ C_{i3} \end{bmatrix} \tag{2.9}$$

③根据对象集合 U 的信息粒度和条件属性 C 的信息粒度，以及仪器柔性集成系统 S 中 K 个二进制信息子粒的关联运算结果生成的信息粒的粒度，分别得到决策规则的支持度 $\alpha = |C \wedge D| / |U|$，以及决策规则的置信度为 $\gamma = |C \wedge D| / |C|$，当支持度 α 和置信度 γ 为 1 时，该规则保留；

如，设 C，D 为 2 个二进制信息粒，若 C 为条件信息粒，D 为决策信息粒，则决策规则的 $C \rightarrow D$ 支持度为 $\alpha = |C \wedge D| / |U|$；置信度为 $\beta = |C \wedge D| / |C|$；

若 $C \rightarrow D$ 的置信度 $\gamma = |C \wedge D| / |C| = 1$，则 $C \rightarrow D$ 为真，该规则保留；否则 $C \rightarrow D$ 为假；

④根据决策规则的支持度和置信度，以及仪器柔性集成系统 $S = (U, AT = C \cup D, V, f)$、条件属性集合和决策属性集合的基本集 $U/IND\ \{C_i\} = \{C_{i1}, C_{i2}, \cdots, C_{ij}, \cdots, C_{im}\}$ 和 $U/IND\ \{D\} = \{D_1, D_2, \cdots, D_j, \cdots, D_n\}$，可以得到柔性集成开发资源的关联粒度矩阵为：

$$S_{m \times n} = \begin{bmatrix} C_{i1} \\ C_{i1} \\ \vdots \\ C_{im} \end{bmatrix} \otimes \begin{bmatrix} D_1 \\ D_2 \\ \vdots \\ D_n \end{bmatrix}^T = \begin{bmatrix} |C_{i1} \wedge D_1| & |C_{i1} \wedge D_2| & \cdots & |C_{i1} \wedge D_n| \\ |C_{i2} \wedge D_1| & |C_{i2} \wedge D_2| & \cdots & |C_{i2} \wedge D_n| \\ \vdots & \vdots & \cdots & \vdots \\ |C_{im} \wedge D_1| & |C_{im} \wedge D_2| & \cdots & |C_{im} \wedge D_n| \end{bmatrix} \quad (2.10)$$

⑤根据关联粒度矩阵，可以得到决策规则的符合度为：

$$\theta_{ij} = \begin{cases} 1\ or\ 0 \\ \min\limits_{m \neq l \wedge m, l \in \{1,2,\cdots n\}} \{ |C_{ij} \wedge D_m| / |C_{ij} \wedge D_l| \} \end{cases} \quad (2.11)$$

符合度 θ_{ij} 的粒度和 ρ_{ij} 为：

$$\rho_{ij} = |C_{ij} \wedge D_m| + |C_{ij} \wedge D_l| \quad (2.12)$$

⑥由公式（$2.10 - 2.12$）可计算出关联粒度矩阵的特征值 λ，即为各条件属性 C_i 相对于决策属性 D 的权重 η：

$$\eta = \begin{cases} \max \theta_{ij}, & \theta_{ij} \in (\theta_{ij}, \rho_{ij}) \\ \max \rho_{ij}, & if \theta_{ij} 相同, \rho_{ij} \in (\theta_{ij}, \rho_{ij}) \end{cases} \quad (2.13)$$

综上所述，柔性化机制要求在产品开发过程中，人与机适当分工又有机结合，相互间共享开发资源知识库。利用人机一体柔性集成模型的知识获取搜索方法，通过计算机软件体系的实时引导、集成、反馈等让开发人员不断更新与调整知识资源库。这样，通过人机一体的途径，开发人员的隐性知识就会与开发资源的显性知识实现柔性化互通与融合，人机一体柔性集成模型如图 2.3 所示。

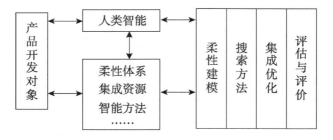

图 2.3　人机一体柔性集成模型

2.2 仪器柔性集成系统运行原理

2.2.1 仪器柔性集成系统结构特征

仪器柔性集成系统结构如图 2.4 所示，总体上由核心部分的柔性体系结构以及与其柔性互联的开发资源而构成。

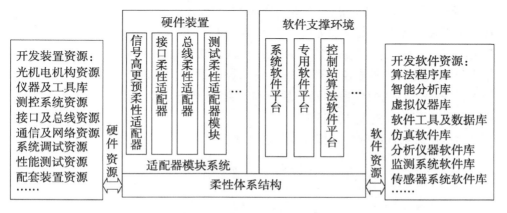

图 2.4 仪器柔性集成系统构成

仪器柔性集成系统具备系统集成和信息共享的机制，采用透明信息交换方式；系统具备接口及总线柔性控制，应用软件可以通过该接口和总线进行信息集成、应用集成；系统具备网络互联功能，通过网络共享集成系统的软硬件资源。

仪器柔性集成系统具有智能柔性适配器模块系统以及相应的柔性软件环境；采用柔性互联的模块化和层次化结构，具有较强的开放性、扩展性和兼容性，实现光机电一体化仪器集成化开发的柔性机制。

2.2.2 仪器柔性集成系统的柔性体系结构特征

柔性体系结构主要由柔性体系结构的硬件装置和柔性体系结构的软件支撑环境构成。

柔性体系结构的硬件装置包括内嵌多重 DSP 的智能柔性适配器模块系统，

实现柔性供电（自适应供电）、柔性负载（程控负载）、柔性匹配（程控增益、自诊断、自动隔离）、柔性切换（无扰动切换、即插即用）等功能；该柔性模块系统主要包括信号调理柔性适配器模块、接口柔性适配器模块、总线柔性适配器模块、测试柔性适配器模块等。其中信号调理柔性适配器模块具有信号隔离、放大和滤波功能，可进行电流环、差分电压、热电偶、热电阻、电桥等信号调理，能够根据需求进行灵活配置，输入单元可与各种传感器、变送器连接，输出单元可连接各种类型的测试系统等；接口柔性适配器模块适配 I/O、A/D、D/A、矩阵开关、计数器、信号源等，可提供双向通信、柔性供电、柔性程控负载、卡式和针式等多类安装方式，与 FCS、DCS、PLC、智能仪表、工业自动化系统等互通互联，实现在线故障诊断、故障自动隔离和无扰动切换等；总线柔性适配器模块具有零槽控制器、边缘扫描控制器等，能够适配 VXI/PXI/CPCI/CAN 总线等；测试柔性适配器模块提供可编程电子负载，可完成电压、电流、功率和电阻等负载模式的测试等。

柔性体系结构的软件支撑环境如图 2.5 所示。

图 2.5　柔性体系结构软件支撑环境

柔性体系结构的软件支撑环境主要指与智能柔性适配器模块系统相适应的柔性软件框架和软件系统，主要包括：系统软件平台、专用软件平台和控制站算法软件平台。其中系统软件平台包括操作系统及开发环境软件包、总线系统驱动及工具库软件包、虚拟仪器测试环境软件包、传感器及信号转换软件包、通用数据处理软件包、通用数据采集工作站软件包、系统设计软件包、系统仿真软件包、系统调试软件包、组态专家系统软件包、数据库软件包以及通信及网络软件包等；专用软件平台包括智能算法知识库软件包、系统集成专家系统软件包、光机电接口驱动软件包、动态信号测试分析软件包、监测诊断及预测专家系统软件包、光电特性匹配及配色软件包、精密传动电细分软件包以及工程应用软件库等；控制站算法软件平台包括控制算法、动态补偿算法、数据处理与转换、数据设定及程序设定等、特殊补偿与计算、特殊控制算法以及表达式解析器等软件模块等。

2.2.3　柔性体系结构与开发资源的柔性互联方法

柔性互联的硬件开发资源包括：开发装置资源、光机电机构资源、仪器及工具库、测控系统资源、接口及总线资源、通信及网络资源、系统调试资源、性能测试资源和配套装置资源，涉及光机电一体化仪器研发所需的开发环境、集成资源、测控系统、性能测试、系统调试和实验标定等主要环节。

柔性互联的软件开发资源包括：开发软件资源、算法程序库、智能分析库、虚拟仪器库、软件工具及数据库、仿真软件库、分析仪器软件库、监测系统软件库、传感器系统软件库，涉及光机电一体化仪器研发所需的开发资源、软件模块、智能模型和产品验证系统等主要环节。

在物理层面上：构建层次化、模块化的柔性环境；开发相关的柔性集成系统：柔性适配器模块系统（信号调理、接口、总线及测试等适配器模块），柔性软件支撑环境（系统软件平台、专用软件平台、控制站算法软件平台）等。

在运行层面上：通过光机电接口、总线和网络的柔性控制（互联、匹配、切换）等，实现仪器柔性集成系统的信息互联和资源共享。

在功能层面上：通过构建的柔性体系结构及柔性互联方式，实现仪器开发的快速柔性集成。

根据系统的光机电一体化机构运动的要求和特点，进行有关传感系统、控制系统、伺服系统以及测控接口系统的设计，进行系统机械动态特性的测试与分析，并进行系统间的技术集成。采用传感器在线检测和实时分析方法，提取系统的状态信息，选择具有较高灵敏度、较高识别能力的特征参数，在参数优化的基础上建立模型，进行模型的计算机仿真和优化，实现光机电系统的检测、监控及优化。

在处理信号转换及数据处理时，柔性体系结构能动态反应不同传感信号的特征，在对性能进行正交测试分析的基础上，及时优化设计，并柔性集成适当的信号处理方法，主要体现以下几个方面：

1. 信号提取

综合多种数据处理方法，运用数值分析的概率论原理，分析多个采样点频率数据的分布概率，计算并得到最佳拟合数据。实验证明，经过这种独特的数字滤波方式处理得到的数据，既消除了多种外来干扰信号，又不影响取得数据的响应速度，从而提高了整机的分辨率。

2. 温度补偿

采用柔性体系结构的软件支撑环境实时跟踪环境温度变化，调整相应数据，从而彻底消除温度变化对信号的影响。具体做法是采用非等间距分段的多项式拟合方法，事先通过温度实验得到频率差随温度变化的曲线，在变化幅度较大的区间密集分段，并采用二次多项式插值拟合方法取得温度系数值；在变化幅度较小的区间稀疏分段，并采用最小二乘法线性插值拟合方法取得温度系数值。这样即可得到最佳拟合数值，实现高准确度的温度补偿。

3. 漂移抑制

采用柔性体系结构的软件系统实时跟踪方法，设置一个漂移速度参数和一个漂移量参数，对两个参数综合处理，从而控制信号的漂移速度，达到抑制漂移的目的。这两个参数数据均可自动调节，从而适应不同的温度漂移环境（零位和非零位，初始开机状态和后续开机状态等）。

4. 线性校正和灵敏度补偿

传感器的量程范围大，为使全量程均能达到所要求的线性度，采用事先获取线性校正数据的方法，建立线性校正系数表，以便实际测量时进行线性补偿，修正相应数据。灵敏度温度补偿与线性补偿类似，通过实验获得灵敏度—温度数据和灵敏度—温度系数表。根据当前环境取得灵敏度—温度系数，从而修正灵敏度数据。

5. 数字接口

传感器设置智能化数字接口，运用柔性软件体系结构的软件支撑环境实现整机与外界（包括 PC 机、大型控制仪器等）实时的数据交换。总线方式可采用

RS-232、RS-485、USB 接口、IIC 接口及 Internet 的 WEB 控制器等，实现远距离数据传输，从而为实时控制系统提供前端数据。

2.2.4　多重闭环柔性集成系统的运行方法

仪器柔性集成系统采用了柔性互联的模块化、层次化结构和柔性机制，具有较强的开放性、扩展性和兼容性；能够进行输入和输出、增益和阻抗的柔性匹配及柔性切换，接口、总线和通信的柔性联结及柔性切换等。

仪器柔性集成系统的运行原理如图 2.6 所示。在传统的仪器研发过程中，设计环节（功能设计、结构和参数设计等）、系统集成与优化、实验调试等环节往往是孤立的；仪器柔性集成系统则将仪器研发的这些主要环节作为一个体系，在该体系内各个环节成为一个有机整体及闭环系统，其中的设计、集成、调试等主要环节的信息实现了柔性互联与共享，从而能够快速进行系统柔性集成；如：实验调试、用户反馈信息能够快速反馈至设计环节进行二次设计，或反馈至系统集成环节进行二次集成；由于在该体系内信息能够快速流通和反馈，大大加速研发过程且明显提高研发质量。

在研发的全过程中，集成系统通过对光机电接口、总线和网络的柔性控制实现研发主要单元的信息互联和资源共享。在结构与参数设计中，利用仪器柔性集成系统的硬件集成资源，充分发挥现有资源或技术优点，实现系统快速集成与优化；在实验调试阶段，利用集成系统的检测实验等硬件环境快速完成实验调试。

软件柔性集成资源可以在仪器产品开发的各个环节发挥作用。在功能设计时，根据不同用户对仪器系统的不同应用需求（如：功能需求、现场条件、价位限制等都不尽相同），可利用仪器标准化数据库和特性功能因子资源库进行功能方案组合创新；在结构与参数设计时，可利用计算机辅助设计环境、动态特性分析系统、仿真设计环境和光电热磁波场模拟环境进行快速辅助设计，借助于集成化硬件资源、集成优化决策系统进行硬件系统的快速集成与创新；在系统集成与优化时可利用集成优化决策系统辅助决策；在应用软件开发时，可利用各种软件工具库和虚拟仪器库缩短研发周期，借助于智能数据处理系统、系统仿真设计资源、信息交换机制及网络通信系统，构建集成系统软件支撑环境的柔性框架体系；在实验调试及动态监测分析环节，可利用特性实验分析、效果有效性评价体系等辅助分析实践验证研发效果。

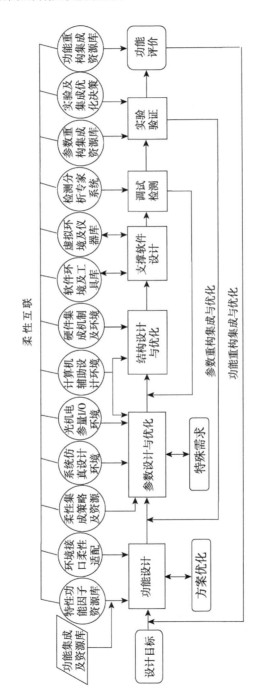

图2.6 仪器柔性集成系统运行原理

2.3 仪器柔性集成系统的创建

构建的面向典型光机电一体化仪器的柔性集成系统如图 2.7 所示。集成系统采用智能柔性适配单元模块的方式构建，主要提供智能化数据调理柔性适配单元、光机电测量集成适配单元、实验仪器集成单元、系统调试及性能测试单元、虚拟仪器及软件支持单元、通信接口及控制接口集成单元等。集成系统具有内嵌多重 DSP 的信号调理柔性适配器测控系统资源，可实现信号隔离、放大和滤波，进行电流环、差分电压、热电偶、热电阻、光电元件、电桥等信号调理，并根据需求进行灵活配置，实现与各种传感器、变送器的连接；具有基于 ARM 的新型测控系统资源，能够实现新型测控系统的数据采集和数据传输；具有下位机与上位机的互联接口和通信网络系统的资源，利用该资源能够进行多项产品的改造和提升。

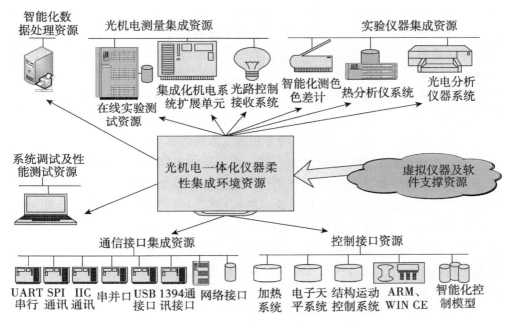

图 2.7 面向光机电一体化仪器的柔性集成系统

柔性集成系统的具体功能根据集成开发特征，主要由以下几部分子系统构成：

1. 软件开发操作环境子系统

构建与集成化硬件资源相适配的系统化、智能化、开发式的柔性集成软件体系。主要包括：系统软件平台、专用软件平台和控制站算法软件平台，该柔性集成软件体系主要应用于软件开发、数据处理和系统测试。

（1）Windows CE. NET 嵌入式系统 32 位操作系统环境。该环境支持多种处理器和多任务操作，支持大量视窗应用程序、图形显示和通信功能，为应用软件的开发和运行提供了强大支持；借助该操作系统功能和开发工具，可以迅速开发出能够在最新硬件上运行各种应用程序的智能化设计；利用该操作系统环境，能够实现 PC/104 控制器的管理，编制应用程序、驱动和通信程序等，能够提高数据处理能力和实时性。

（2）基于 μClinux 嵌入式操作系统环境。该环境经过对标准 Linux 内核的改动，形成一个高度优化、代码紧凑的嵌入式 Linux 系统；μClinux 具备稳定的移植性、优秀的网络功能、完备的对各种文件系统的支持以及标准丰富的 API，可以开发一系列支持 NFS、ext2、ROMfs and JFFS、MS – DOS 和 FAT16/32 等各种文件系统。

（3）虚拟仪器系统的开发环境。该资源环境充分发挥计算机的功能，集成了智能仪器、PC 仪器以及 GPIB、PXI、VXI 等总线系统的特长，数据吞吐量大、兼容性强、可扩展性好，能实现各种专用测试系统的标准化设计。

（4）智能数据处理应用软件包，如：基于智能全局分段去极值、平均数字滤波等算法的数据预处理系统及应用软件包，可提高测控系统采样精度；基于虚拟仪器的智能化数据处理软件系统，能够进行曲线智能分析处理以及特定模型与规则的构造、植入与优化，实现仪器系统的自动调节、参数校正及微量化、联用化、快速化的自动控制；基于模糊神经网络和预测算法结合模式的分析系统及应用软件包等。通过利用该资源，可实现仪器系统的自动检测、自动校正、自补偿、自诊断、最优化控制等自动化、智能化的功能设计与开发。

2. 测量与控制集成开发子系统

构建具有以低功耗高速 SoC 处理器系统为核心的测控子系统，利用该系统能够在保持低成本的同时，明显提升数据处理能力、自动化水平和测试速度，提高可靠性和测量精度。

构建具有多任务操作系统 Windows CE. net 支持的嵌入式高性价比测控子系统，利用该系能够显著提高系统的集成化、智能化和网络化的水平，同时能改善测量精度和系统稳定性。

构建具有基于虚拟仪器技术的测控子系统，利用该系统能够提高仪器的一体化、数字化和智能化水平，研发的新型仪器系统分析精度高，并具有结构简单、体积小、重量轻、操作方便和界面友好等特点。

3. 实验测试子系统

构建了实验测试子系统，进行光机电—体化仪器的系统特性、智能方法、系统硬件及软件系统的实验研究，进行有关的仪器系统多参量信号采集、信息分析、接口系统、传感器及中间转换的调试和实验，进行有关计量校准的测试和调试，进行光机电控制系统以及远程网络测控系统测试实验等。

利用构建的基于虚拟仪器开发系统，进行虚拟仪器集成框架的模拟、仿真和优化的实验，进行虚拟仪器可重构虚拟控件的系统集成，以及虚拟仪器软件系统的离线实验和调试；利用光机电传感器检测实验系统，信号处理系统，远程多参量仪器系统，监测和分析仪器系统，模拟及数字信号测试、计量、校准等实验仪器设备实施有关实验。

2.4　本章小结

本章分析了柔性化集成开发光机电—体化仪器的技术特征，指出了仪器柔性集成系统理念的研究内涵、主要机制和系统构成；给出了系统集成机制模型的建立方法和柔性化软件体系结构特征；基于柔性化软件体系结构特征建立了人机一体柔性集成机制模型；介绍了仪器柔性集成系统的柔性体系结构、柔性体系结构与集成资源的柔性互联方法以及多重闭环柔性集成系统的运行原理。结论如下：

（1）通过分析光机电—体化仪器制造中的共性与非共性技术特征，提出产品开发需要研究的要素主要包括：系统智能自动化技术、分析智能化技术、创新设计方法、虚拟仪器技术以及柔性集成与重构技术等；提出研究一种面向仪器柔性集成系统的理念，通过该理念提供产品集成开发的思路与途径。

（2）阐述了仪器柔性集成系统理念的内涵，建立了一种有效的柔性系统开发流程，明确实现产品开发过程的系统控制机制，从而提出柔性集成系统的系统集成机制模型建立方法和柔性化机制的软件体系结构特征。

（3）仪器柔性集成系统由核心部分的柔性体系结构以及与其柔性互联的开发资源而构成，柔性体系结构主要由柔性体系结构的硬件装置和柔性体系结构的软件支撑环境构成。集成系统围绕仪器研发过程建立模块化、层次化结构，将仪器研发设计、系统集成与优化、实验调试等环节作为一个体系，在该体系内各个环节成为一个有机整体及闭环系统，各环节的开发信息实现柔性互联与共享。

（4）采用所研究的新技术、新方法，构建了适合仪器研发的柔性化集成系统，提供了实现光机电一体化仪器产品快速柔性集成研发的集成资源、运行机理与控制方法。

第3章 光机电一体化
仪器柔性集成的方法及应用

在仪器柔性集成系统研发仪器产品过程中，设计环节（功能设计、结构和参数设计等）是实现产品开发的第一步，一个好的设计能够从本质上满足产品功能与用户的其他需求。研究构建的仪器柔性集成系统提供了实现产品初步设计、详细设计、概念设计、创造性设计、功能设计、参数化设计等设计开发资源，并通过采用网络化协同设计以及基于 TRIZ 理论体系优化设计方法，实现了设计环节的柔性集成，对仪器结构、功能参数进行了二次集成优化设计。仪器柔性集成系统同时还构建了虚拟仪器技术，围绕典型虚拟仪器产品的开发需求，建立了智能控件化虚拟仪器开发系统模型，开发了系列柔性化可重构虚拟控件库。利用虚拟控件库和虚拟仪器产品的功能库，快速柔性化、集成化，实现了虚拟仪器产品的集成设计。

首先提出了网络化协同设计的原理与构成，分析了基于 TRIZ 理论体系的设计方法，给出了网络化协同设计过程中所采用的协同多目标优化算法，并利用实验研究分析了典型仪器柔性集成优化设计的网络化协同设计过程。接着根据柔性化可重构虚拟控件集成设计概念，建立了智能控件化虚拟仪器开发系统模型，利用该模型从原理上建立了柔性化可重构控件库的思想，给出了建立虚拟显示器智能控件方法与步骤，阐述了柔性化可重构虚拟控件库与仪器功能库之间的互联方法。

3.1 网络化协同设计方法的提出

并行设计（也叫协同设计、合作设计或多学科设计）是产品设计人员通过与产品生命周期相关的其他人员进行合作而进行的一种设计过程，这种合作包括设计、制造、组装、实验、质量保障和销售以及供应商和客户等。并行设计的实质在于：通过交换、共享产品的设计信息和知识来提高产品设计过程决策的正确率，减少返工次数，加速决策过程，进而提高设计效率。在过去的十多年中，学术界及工业界已经提出并开发了许多并行设计系统。通过利用计算机与通信技术进行产品协同开发模式，进一步扩展并行设计的特点，将基于网络化的产品协同开发模式称为网络化协同设计。

3.1.1 网络化协同设计原理

网络化协同设计过程要能顺畅运行，除了运行体系本身的良好衔接之外，还需要仪器柔性集成系统的柔性体系结构作为其基础和环境。面对仪器柔性集成系统引入的计算机辅助设计环境、系统仿真设计环境、光机电参量 I/O 环境、硬件集成机制及环境等孤立的设计开发资源，如何快速有效地实现相互间的系统集成是柔性集成设计的主要问题之一。网络化协同设计能够从根本上解决设计中知识与资源的有效集成，能够集成优化配置整个研发团队的人力资源和研发资源实现产品的创新与优化设计。而仪器柔性集成系统的柔性体系结构是实现网络化协同设计的决策支持中心，提供网络化分布式多种知识资源的融合条件，是支持协同开发决策及创新优化设计的灵魂，能够有效发挥网络化协同设计的作用，起到动态衔接产品集成开发分布式工作的流动，缩短产品集成开发周期。

分布式知识资源、人类智能、硬件设计资源和产品创新设计方法在网络化协同设计过程中实现柔性集成。设计开发人员通过网络综合分析专家小组集体智能、机器智能以及分布式多种类型知识，以柔性体系结构为枢纽，操作分布式知识资源、硬件设计资源等进行产品的协同设计。面向网络化协同设计的柔性集成知识管理在逻辑上分为四个层次。虚拟工作环境包括柔性集成资源层及过程层。设计所用的硬件资源及柔性体系结构构成柔性集成资源层。资源的运用构成了过程层，设计过程符合了人类创新设计思维规律，具有动态性。设计过程是基于知识的过程，不同阶段不同时刻调用不同知识。知识层的最底层是面向光机电一体化仪器的专用本体，它能够为知识系统提供无歧义地交流，得到适合领域的准确解释。网络化协同设计原理如图 3.1 所示。

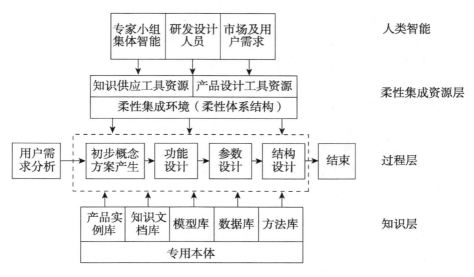

图 3.1　网络化协同设计原理

3.1.2　网络化协同设计集成环境

网络化协同设计集成环境具有如下功能模块。

1. 基于 WEB 的产品数据管理系统

数据管理系统是实现网络化协同设计的支撑技术。由于网络组织通常建立在极端异构的互联网上，并且具有明显的暂时性，所以支持网络化协同设计的数据管理系统必须适应这种分布、异构的环境，并适合网络组织的敏捷性要求，因此将数据管理系统构筑在 WEB 技术之上。其核心作用有：一是管理各种设计工具资源所产生的数据与文件，起着集成框架的作用；二是管理关于产品的各类知识，是产品开发知识管理的主要工具。它有以下子功能模块：

（1）产品配置管理模块

数据管理系统以树状的方式可视化地表示产品方案，产品配置管理的主要功能是实现产品结构的分层次管理，能够实现产品结构树的生成和编辑，正确、有效地维护结构关系；对零部件与相关文档进行配置；输出各种明细表。

（2）项目管理

一个零部件设计项目对应一个网络组织中的开发小组。系统要对每个项目进行全面的监控与管理。

（3）版本管理

通过版本生成和更新管理以及基于规则的文档锁定和解锁，以维护版本的一致性，保障了数据的安全及网络化协同设计的顺利进行。

2. 协作模块

协作的方式主要可分为异步和同步两种。异步协同是隐性知识到显性知识转化的途径。数据管理系统通过建立总体方案评价体系，对知识经济、时间、质量、成本等进行全面评价后，作为解决设计冲突及协作的依据；同步协同是隐形知识到隐形知识转换的主要工具。数据管理系统通过 WEB 建立多媒体会议、在线交流窗口等实时互联功能模块，方便异地用户之间的知识与信息交互。

3. 安全模块

保证设计成果的安全和协作成员的知识产权是系统应用的前提。系统的安全由多项措施保证。

（1）系统权限赋予

适用于整个系统的权限叫系统权限。系统权限有文件浏览、任务浏览、项目管理、人员管理、数据管理、网络通信与系统监控等。系统角色包括系统管理员、任务提出或承接方等，他们拥有不同的系统权限，一个用户可有多种角色，由系统管理员决定。

（2）访问控制

为每一个资源对象如一个文档建立一张访问控制列表，表明其对各种角色赋予的权限。

3.1.3 网络协同优化设计方法

优化设计是网络化协同设计的核心部件。在柔性集成资源中，它是设计工具及多种知识供应工具的集成。优化设计基于 TRIZ 理论体系建立，是一个网络化、组件化、标准化的系统，能够为网络化协同设计提供集成化、柔性化、快速化的二次优化设计思路与方案。

1. TRIZ 理论体系

TRIZ 理论体系是由苏联发明家 G. S. Altshuller 于 1946 年创立的。Altshuller 通过分析世界近 250 万份高水平的发明专利，总结出各种技术发展进化遵循的规律模式，以及解决各种技术矛盾和物理矛盾的创新原理和法则，建立一个由解决技术，实现创新开发的各种方法、算法组成的综合理论体系，并综合多学科领域的原理和法则，建立起 TRIZ 理论体系，如图 3.2 所示。

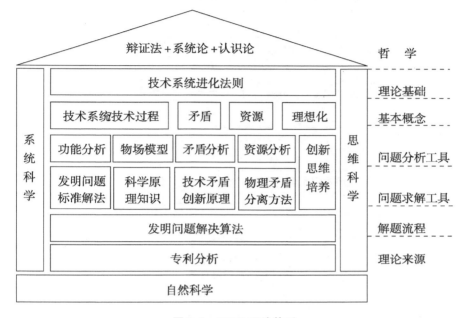

图 3.2　TRIZ 理论体系

　　这一方法学体系以辩证法、系统论和认识论为哲学指导，以自然科学、系统科学和思维科学的分析和研究成果为根基和支柱，以技术系统进化法则为理论基础，以技术系统（如产品）和技术过程（如工艺流程）、技术系统进化过程中产生的矛盾、解决矛盾所用的资源、技术系统进化方向的理想化为四大基本概念，包括了解决工程矛盾问题和复杂发明问题所需的各种分析方法、解题工具和算法流程。通过对大量专利的详细研究，总结提炼出工程领域内常用的表述系统性能的 39 个通用工程参数。在问题的定义、分析过程中，选择 39 个工程参数中相适宜的参数来表述系统的性能，这样就将一个具体的问题用 TRIZ 的通用语言表述了出来。

　　2. ARIZ 发明问题解决算法

　　发明问题解决算法（Algorithm of TRIZ，ARIZ）是 TRIZ 理论体系中的一个主要分析问题、解决问题的方法，其目标是为了解决问题的物理矛盾。如图 3.3 所示，为用 ARIZ 算法解决创新问题流程图。

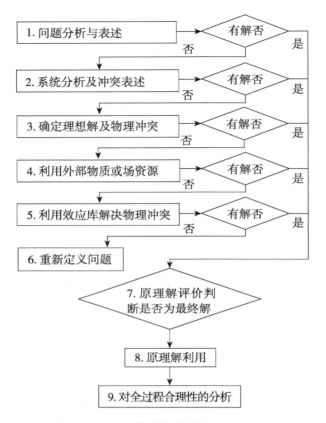

图 3.3 ARIZ 算法解决创新问题流程图

该算法主要针对问题情境复杂、矛盾及其相关部件不明确的技术系统。它是一个对初始问题进行一系列变形及再定义等非计算性的逻辑过程，实现对问题的逐步深入分析和转化，最终得以解决问题。该算法尤其强调问题矛盾与理想解的标准化，一方面技术系统向理想解的方向进化，另一方面如果一个技术问题存在矛盾需要克服，该问题就变成一个创新问题。

ARIZ 算法主要包括六个部分：

（1）设计将问题公式化情境分析，构建问题模型；

（2）基于物场分析法的问题模型分析设计完成从问题到模型的转换；

（3）对模型进行分析定义最终理想解与物理矛盾；

（4）设计用来准确地消除矛盾物理矛盾解决；

（5）对解决方法进行仔细的、逐一的分析，以便将方法应用于新的问题，如果矛盾不能解决，则调整或者重新构建初始问题模型；

（6）对解决方法的分析与评价，进一步扩展所求出方法并应用于解决其他领域的问题。

在仪器柔性集成系统开发产品的实际二次集成优化设计中，首先是将研究对象中存在的问题最小化，在保证原有研究对象能够实现其必要机能的前提下，尽可能不改变或少改变对象特征；其次再定义研究对象的技术矛盾，并为矛盾对立建立"问题模型"；通过分析该问题模型，定义问题所包含的时间和空间，利用物—场分析法分析对象中所包含的资源；然后定义对象的最终理想解。通常为了获取对象的理想解，需要从宏观和微观级上分别定义对象中所包含的物理矛盾，即对象本身可能产生对立的两个物理特性。例如：冷——热、导电——绝缘、透明——不透明等。

这样，集成优化设计的过程就是需要定义研究对象内部的物理矛盾并消除矛盾。矛盾的消除需要最大限度地利用对象内的资源并借助物理学、化学、几何学等工程学原理。作为一种规则，经过分析原理的应用后如问题仍无解，则认为初始问题标准化定义有误，需调整初始问题模型，或者对问题重新进行更标准化定义。

3.2　网络化协同多目标优化设计方法

在网络化协同设计过程中，如何柔性集成分布式知识资源、人类智能、硬件设计资源和产品创新设计等知识与资源，从根本上解决设计中知识与资源的有效集成与优化，是仪器柔性集成系统柔性体系结构实现支持协同开发决策及创新优化设计的首要问题，网络化协同设计采用协同多目标优化算法，最终实现了动态衔接产品集成开发的分布式工作及优化设计。网络化协同设计的多目标优化方法采用线性加权法、排序法和分级排序法等定义设计过程中不同个体的适应度，利用目标函数切换选择、可变权值选择以及最优解选择法等多目标优化算法使得知识群体收敛到最优解集，为个体的优化设计提供有效解。

1. 适应度定义与选择机制

提出的适应度赋值方法确定个体的适应度，利用外部集的方式保留最优，并引入拥挤距离以减少外部集的大小同时获得具有良好均匀性和宽广性的最优解集。

设集合 $A \subseteq X_f$，决策向量 $x \in X_f$ 称为相对于集合 A 的非劣最优解，当且仅当：

$$\nexists a \in A, \ a > X \qquad (3.1)$$

如果 $A = X_f$，则称 x 为最优解。

设集合 $A \subseteq X_f$，函数 $p(A)$ 表示为集合 A 上的非劣最优解集：

$$p(A) = \{a \in A \mid a \text{为相对集合} A \text{的非劣解}\} \qquad (3.2)$$

而对应的目标向量的集合 $f[p(A)]$ 为相对于集合 A 的非劣最优前端。$X_p = p(X_f)$ 为最优解集，$Y_p = f(X_p)$ 为最优解集前端。

设集合 $A \subseteq X_f$，当且仅当：

$$\forall a \in A, \ \nexists x \in X_f, \ x > a \wedge \| x - a \| < \varepsilon \wedge \| f(x) - f(a) \| < \delta \qquad (3.3)$$

则集合 A 称为局部最优解集。当且仅当：

$$\forall a \in A, \ \nexists x \in X_f, \ x > a \qquad (3.4)$$

则集合 A 称为全局最优解集。

考虑只有两个目标函数 f_1，f_2 的多目标优化问题 $f(x)$，如图 3.4 所示，为有关多目标优化问题的概念示意图。

从图 3.4（a）可知，整个阴影部分为 $f(x)$ 的可行区域，而虚线表示最优解前端。图 3.4（b）给出了目标空间上各个决策向量间的二元关系。以 B 作为参考点，C，D 两点由于处于 B 点左下角，因此有 $B > C$ 和 $B > D$。同时，B 点由于处于 A 点左下角。因此有 $A > B$。E 点与 B 点不可比较，因此有 $B \sim E$。

设当前群体 P_t 的大小为 N，提出的适应度赋值方法详细描述如下：

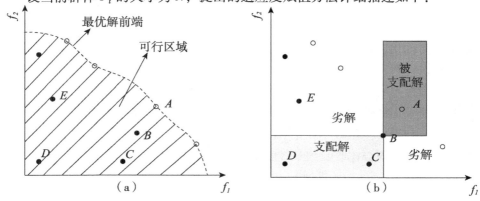

图 3.4　多目标优化问题概念示意图

（1）标识群体 P_t 中的最优解集 p（P_t），并计算任意 $i \in p$（P_t）的适应度：

$$S\ (i) = \frac{|\{j \mid j \in P_t \wedge i > j\}|}{N+1} \tag{3.5}$$

式（3.5）中，j 为 P_t 的任意个体；

（2）计算 $P_t \setminus p$（P_t）中每个个体的适应度：

$$F\ (j) = 1 + \sum_{i \in p(P_t), i > j} S(i) \tag{3.6}$$

相应的选择方法为：随机从 P_t 中选出两个个体 i，j，如果 $F(i) < F$（j），则令 $P_{t+1} \leftarrow P_{t+1} + \{i\}$，否则 $P_{t+1} \leftarrow P_{t+1} + \{j\}$。

采用大小为 $\overline{N}$ 的外部集 $\overline{P_t}$，从中随机选出一部分个体参与群体的选择，以达到保留最优解的目的。由于外部集的大小表示所要获得的最优解的数目，因此采用这种外部集方法的能够把群体与外部集分离开来，方便参数设定。

设当前的群体为 P_t，相对于群体 P_t 的最优解集为 $O_t = p$（P_t），并设当前的外部集为 $\overline{P_t}$，采用更新外部集的方法如下：把 O_t 拷贝到 $\overline{P_t}$ 以得到 $\overline{P'_t}$，即令 $\overline{P'_t} \leftarrow \overline{P_t} + O_t$；找出 $\overline{P'_t}$ 中最优解作为 $t+1$ 的外部集，即 $\overline{P_{t+1}} \leftarrow p$（$\overline{P'_t}$）。

对于某些问题，最优解的数目很大甚至有无穷多个，但从决策者的观点来看，需要的是一定数目的、具有代表性的最优解而不是全部的最优解，而且获得全部的最优解也是不现实的。因此，采用拥挤距离来防止外部集的无限制增大。

设当前的外部集为 $\overline{P_t}$，其大小为 $\overline{M}$（$> \overline{N}$），$\overline{N}$ 为外部集大小的上限。参数 i_{dist} 表示个体 i 周围解的密度，称为拥挤距离，其值等于该个体按每个目标排序后其前后相邻两点间距离和的平均。把那些按每个目标函数排序排在最前和最后的个体的拥挤距离赋值为 ∞，以便保留最优解前端的边界。最后根据拥挤距离从大到小排序，选取前 $\overline{N}$ 个作为下一代的外部集。这种方法的优点在于能够获得分布良好的最优解，而无须额外的参数。

2. 协同进化算子

设当前群体为 P_t，群体 P_t 中的最优解集为 O_t。

那么最优解集的领域交叉算子为：设（x_1，x_2，$\cdots$，x_n）$\in P_t$，从 O_t 中随机选择一体（r_1，r_2，$\cdots$，r_n），按下式产生一个新的个体（z_1，z_2，$\cdots$，z_n）取代（x_1，x_2，$\cdots$，x_n）：

$$z_i = r_i + U(-1, 1) \times (r_i - x_i) \qquad (i = 1, 2, \cdots, n) \qquad (3.7)$$

式（3.7）中，$U(\cdot,\cdot)$ 表示均匀分布的随机数。

由式（3.1—3.2）可知：群体 P_t 中的决策向量可分为两个部分：最优解和其他解。相对应的目标向量也分为两部分：最优解前端和非最优解前端。由式（3.3）可知：在 P_t 中最优解的附件可能存在更好的解，式（3.7）的作用等价于对最优解进行局部爬山操作。

最优解集的合作算子为：设有两个父代群体 $P_t^a = (x_1^a, x_2^a, \cdots, x_M^a)$ 和 $P_t^b = (x_1^b, x_2^b, \cdots, x_N^b)$，其中最优解集分别为 O_t^a 和 O_t^b，对于 P_t^a 的任意个体 $(x_1^a, x_2^a, \cdots, x_n^a)$，随机在 O_t^b 中选择一个个体 $(r_1^b, r_2^b, \cdots, r_n^b)$：

$$z_i^a = r_i^b + U(-1, 1) \times (r_i^b - x_i^b) \qquad (i = 1, 2, \cdots, n) \qquad (3.8)$$

按式（3.8）产生一个新个体 $(z_1^a, z_2^a, \cdots, z_n^a)$，从而产生下一代群体 P_{t+1}^a。

同理，对于 P_t^b 的任意个体 $(x_1^b, x_2^b, \cdots, x_n^b)$，随机在 O_t^a 中选择一个个体 $(r_1^a, r_2^a, \cdots, r_n^a)$：

$$z_i^b = r_i^a + U(-1, 1) \times (r_i^a - x_i^a) \qquad (i = 1, 2, \cdots, n) \qquad (3.9)$$

按式（3.9）产生一个新个体 $(z_1^b, z_2^b, \cdots z_n^b)$，从而产生下一代群体 P_{t+1}^b。

P_t^a 和 P_t^b 是两个独立进化的群体，相当于在决策空间的不同区域进行搜索，通过式（3.8）和式（3.9），两个群体相互交换信息，有利于扩大算法的搜索区域，同时利用两个群体之间的差异能够保持这两个群体的多样性。同时，采用的信息交换方法是带有方向性的，并且在各自有潜力的区域进行搜索。

3.3 网络化协同测控系统的柔性集成

目前国外的面向光机电一体化测控系统的软硬件设计、优化等软件已趋于成熟，而国内的测控系统软硬件研发的工程化发展并不令人满意，难以吸收国外软硬件的先进技术，完全独立自主、封闭地开发与创新面向光机电一体化的测控系统，是不现实也是不明智的，针对典型光机电一体化仪器的测控系统研发，必须适应研究和应用的发展趋势，以科学的态度选择与构建集成系统，通过商用途径能够购得的工程应用系统、组件与工具，决不进行重复开发，工作的重点应放在与产品结构紧密相关的非共性因素（专用部分）的集成与建构上。

　　这里举例说明，以低碳理念出现的光伏充气膜建筑，其自跟踪发电测控系统就属于一种典型的光机电一体化系统，其研发涉及许多共性技术，如：电力电子技术、典型机械传动结构、各类电机控制系统、常用传感器测控技术、标准现场总线、串行并行通信、各种开发软件工具库、操作系统及虚拟仪器库等。

　　该测控系统研发也涉及许多自身特定的非共性技术，其产生原因主要是不同用户往往提出不同应用需求，如功能需求、现场条件、价位限制等，直接导致该测控系统的构成不同。其次，光伏充气膜建筑有独立建筑和集群建筑、其自跟踪发电测控系统可分为具有离网型自跟踪发电测控系统和并网型自跟踪发电测控系统、从应用领域来分包括无线电通信基站自跟踪发电测控系统、微波中继站自跟踪发电测控系统、抗灾救险类自跟踪发电测控系统等。为了适应充气膜建筑具有施工速度快的特性，在开发设计其自跟踪发电测控系统时则必须具有系统柔性可重构、更新升级快、可兼容和易维护的特点。

3.3.1　仪器测控系统柔性集成方法

　　仪器测控系统柔性集成特点为：可以根据外部环境以及内部产生的各种可预见或不可预见的变化，在研发流程中能够快速可重构、及时响应和动态调整系统集成的能力，保证仪器测控系统的研发流程继续执行以实现满足用户需求的共同目标。

　　仪器测控系统的柔性集成特点包括测控系统的功能集成、结构集成、信息集成、环境集成和知识集成，同时还要符合相应的系统集成标准。

　　1. 功能集成

　　仪器测控系统的集成系统要解决参数测量、数据处理、试验过程控制及试验资源管理等功能。对于分布式监控系统，要管理分散在不同设备上的功能模块，充分体现了仪器测控系统功能上的集成。

　　2. 结构集成

　　为适应各种规模的仪器测控系统的需求，测控系统集成技术要解决各类硬件模板的集成，以及异构环境下分布系统设备间的互联、数据通信和设备互操作等问题，这是系统结构上的集成。

　　3. 信息集成

　　为了实现仪器测控系统的集成系统的协调工作，必须建立一个内部可以操作的运行环境，使各部分能及时地获得所需的信息。因此要把测控过程中的相关信息集成起来，构建集成信息系统，其核心就是测控数据库。在此基础上，通过功能扩充就可以构建如仿真数据库和辅助设计数据库。

4. 环境集成

仪器测控系统的总趋势是向数字化、智能化、网络化、综合化和标准化发展，在使用中要求具有实时性、灵活性、智能性、可扩充性及可移植性，推广采用工业标准软件包。在软件设计中要考虑到确保数据完整性，试验过程易建立，系统易于开发与维护。

早期的仪器测控系统大多针对特定的功能要求进行研制，通用性差且难以扩展和移植，而现代仪器测控系统的规模和功能各异，且存在各种模板的集成及在异构和分布式环境下设备互联，互操作及数据传输和通信等诸多问题，因此近年来，采用系统集成技术解决仪器测控系统的合理构成，实现真正意义上的管、控、监一体化正成为仪器测控系统普遍关注的话题。它以计算机为核心，采用组件技术将标准总线硬件模块或仪器单元和相应的测控软件等进行构建，同时贯彻实施一系列系统集成标准体系使之成为通用性强和可移植性强的测控系统。

因此，需要研究面向仪器测控系统的软硬件一体化集成关键技术和集成开发系统环境，以满足仪器测控系统的需求并符合测控系统软硬件发展的趋势。该集成研发系统环境应具有标准化、集成化、可视化、层次化和柔性化的特点，同时满足开放性、实时性、灵活性、可扩充性和可重构性和易操作性的要求。

针对仪器测控系统研发的技术特征和集成化柔性开发要素，从系统集成开发的角度出发，构建系统的需求模型、体系结构模型和功能模型，并根据模型创建系统开发资源，在系统的开发实践阶段，将系统的这些开发思想与模型与对象个体进行有机融合，最终实现个体仪器测控系统研发的完善模型。

针对仪器测控系统的柔性集成特点，提出的集成系统的系统集成机制和柔性集成机制等两个主要运行机制：

系统集成机制：针对仪器测控系统的分布式、异构开发资源与开发知识，构建集成的硬件资源、软件资源和知识资源，通过信息互联和资源共享的技术支撑，实现快速系统集成。集成资源包括：多类开发环境、典型光机电系统、接口及总线、测控系统、仪器库、软件库、实验系统、专家库和案例库等知识库。

柔性集成机制：针对仪器测控系统的可重构集成的不同需求，构建特有的柔性集成系统，通过柔性环境、信息互联和资源共享的技术支撑，实现快速柔性系统集成。

3.3.2　仪器测控系统柔性集成体系框架

针对仪器测控系统的柔性集成体系框架，还是以低碳理念出现的光伏充气膜建筑的自动跟踪测控系统为例，如图3.5所示，主要包括柔性集成体系、与其柔性互联的开发资源和自动集成设计及优化体系三大部分组成。其中柔性集成体系总体上由核心部分的硬件装置、软件支撑环境和知识集成环境。

仪器测控系统的柔性集成系统具有以下特点：

（1）采用透明信息交换方式，具备系统集成和信息共享的机制；

（2）应用软件可以通过中间件、接口和总线进行信息集成、过程集成、应用集成；

（3）通过网络共享平台的资源，具备网络互联功能；

（4）具有智能柔性适配器模块系统以及相应的柔性软件环境；

（5）采用了柔性互联的模块化和层次化结构，具有了较强的开放性、扩展性和兼容性，实现柔性研发平台的柔性机制；

（6）通过输入和输出、增益和阻抗的柔性匹配及柔性切换，实现接口、总线和通信的柔性联结及柔性转换等。

仪器测控系统的柔性集成研发资源，主要包括硬件资源、软件资源和知识资源的柔性集成。

1. 柔性体系结构的硬件集成

包括内嵌多重DSP的智能柔性适配器模块系统，实现柔性供电（自适应供电）、柔性负载（程控负载）、柔性匹配（程控增益、自诊断、自动隔离）、柔性切换（无扰动切换、即插即用）等功能。

2. 柔性体系结构的软件集成

主要指自跟踪发电测控系统中与智能柔性适配器模块系统相适应的柔性软件框架和软件系统，主要包括：系统软件平台、专用软件平台和控制站算法软件平台。

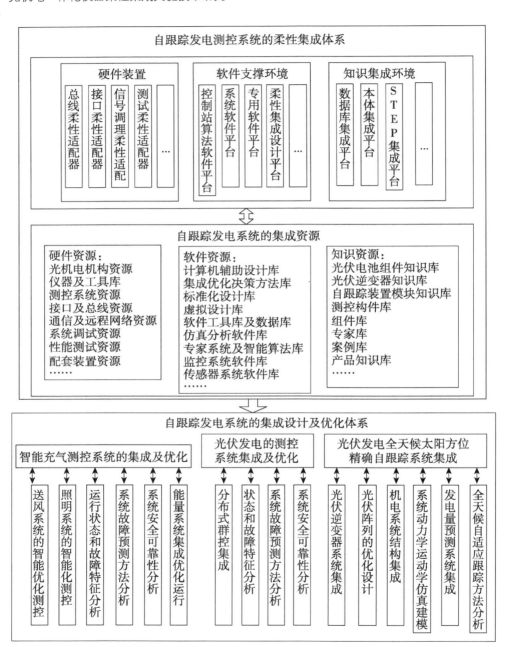

图 3.5　自跟踪发电测控系统的柔性集成研发系统框架

根据自跟踪发电测控系统的机构运动的要求和特点，进行有关传感系统、控制系统、伺服系统以及测控接口系统的设计，进行系统机械动态特性的测试与分析，并进行系统间的技术集成。采用传感器在线检测和实时分析方法，提取系统的状态信息，选择具有较高灵敏度、较高识别能力的特征参数，在参数优化的基础上建立模型，进行模型的计算机仿真和优化，实现自跟踪发电测控系统的检测、监控及优化。

3. 柔性体系结构的知识集成

在长期的自跟踪发电测控系统的研发过程中积累了大量的知识，但这些知识却往往束之高阁，没有发挥它应有的作用，在企业内部，现有的各种不同的应用软件系统通常处于分布的异构环境中，缺乏有效的通讯，知识无法共享使得研发业务运作效率低下、创新力下降，必须通过集成以提高信息交流和反馈的效率，让知识最大限度地共享与重用，提高研发企业对市场需求的反应能力与创新能力。

3.3.3　仪器测控系统的柔性集成运行方法

在传统的光机电一体化测控系统的研发过程中，设计环节（功能设计、结构和参数设计等）、系统集成与优化、实验调试等环节往往是孤立的。光机电一体化测控系统的柔性集成系统则将研发的这些主要环节作为一个体系，在该体系内各个环节成为一个有机整体及闭环系统，其中的设计、集成、调试等主要环节的信息实现了柔性互联与共享，从而能够快速进行系统柔性集成；如：实验调试、用户反馈信息能够快速反馈至设计环节进行二次设计，或反馈至系统集成环节进行二次集成；由于在该体系内信息能够快速流通和反馈，大大加速研发过程且明显提高研发质量。

如图 3.6 所示，光机电一体化测控系统的柔性集成研发过程中采用软硬件协同的多重闭环柔性集成的运行方法。软/硬件协同设计强调软件和硬件设计开发的并行性和相互反馈，可以克服传统方法中把软件和硬件分开设计所带来的种种弊端，协调软件和硬件之间的制约关系，达到系统高效工作的目的，软/硬件协同设计提高了设计抽象的层次，拓展了设计覆盖的范围。

对于硬件系统设计，采用可重构的思想，进行全生命周期进行研发；对于软件开发过程，采用以软件复用为宗旨，以软件体系结构为中心，以中间件为构件框架，将可复用构件组装、部署、运营起来的全生命周期的研发设计。光机电一体化测控系统的柔性集成系统采用了柔性互联的模块化、层次化结构和柔性机制，具有较强的开放性、扩展性和兼容性；能够进行输入和输出、增益和阻抗的柔性匹配及柔性切换，接口、总线和通信的柔性联结及柔性切换等。

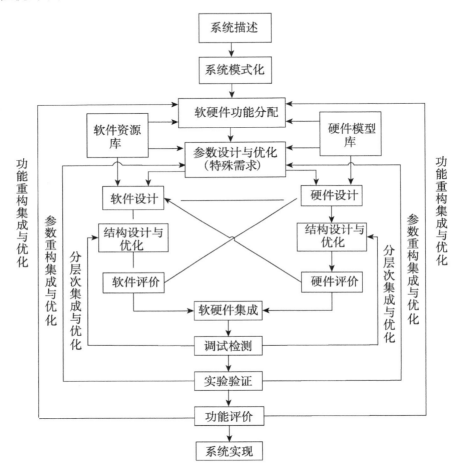

图 3.6 基于软硬件协同设计的多重闭环柔性集成的运行方法

从图 3.6 可以看出，光机电一体化测控系统的软/硬件协同设计的特点主要表现在以下几个方面：

（1）在仪器测控系统研发的需求分析阶段进行软硬件功能分配时，就充分考虑到现有的各种资源，并使系统成为一个开放系统。因此，只要及时更新软硬件资源库和知识库，就能充分利用最新的软硬件技术，实现产品升级。

（2）在仪器测控系统的设计过程中充分体现软硬件的协同性。在测控系统软硬件功能的设计和评价过程中，软件和硬件是互相支持，密切联系的。这就使得软硬件功能模块能够在设计开发的早期相互作用，互相结合，从而及早发现问题，及早解决。

（3）软硬件功能的紧密结合，有利于挖掘系统潜能，缩小产品的体积，降低系统成本，提高系统性能。

光机电一体化仪器测控系统的设计过程是一个独特的高度制约的软硬件综合设计过程，在设计过程中应该充分重视以下几个问题：

1. 尽可能拓宽设计空间

一个光机电一体化仪器测控系统可能会有许许多多解决方案，设计人员应该全面深入了解系统需求，尽可能多地探索各种不同的解决方案及其特点，只有把各种可能的设计都开发出来，才能进行全面的比较，并根据实际需要选择最合适的解决方案。这是保证系统合理性的重要手段。

2. 建立完整的系统模型

系统模型决定着系统的体系结构，它应该全面反映系统需求及约束条件。在建立系统模型时一定要全面考虑系统各方面因素的影响，尽可能在高层次上全面考虑系统所涉及的问题。这不仅对后续设计过程有益，而且也是系统设计正确性的重要保证。

3. 建立合理的体系结构

体系结构是系统构成和系统功能的全面描述，一定要把系统的整体面貌描述出来。这不仅直接决定系统的功能和性能等重要因素。而且也将影响系统分析能否顺利进行。

4. 合理分配软硬件功能

光机电一体化仪器测控系统的功能分配是影响测控系统性能和价格的重要因素。要考虑到测控系统的特点，使得软硬件模块既相对独立，又整体统一。要充分考虑市场行情、技术状况等因素的影响，合理使用软硬件重用技术，以加快系统开发速度，降低系统成本，提高系统性能。

5. 重视使用集成开发工具软件

集成开发工具不仅可以在更高的层次上描述系统，而且还可以为系统设计者拓宽设计空间，提供丰富的解决方案，更合理地选择体系结构。

光机电一体化仪器测控系统的柔性可重构研发系统通过对现有结构、模块以及子系统的重新组合，来达到快速构建仪器测控系统的要求。即在硬件系统的设计过程中，从设计的开始就利用柔性可重构思想使硬件的模块化设计具备可以重用和重新组合的结构，在重构系统中，已有的结构大部分都能再次使用，只需调整结构，适当地增加其他部件就能构成满足加工品种和质量要求的新系统。仪器测控系统的柔性可重构研发系统的研发能力是可以变化的、是按需而设的、通过改变结构，累加功能等方式，增加系统的制造能力。建立这样一个统一的设计方法有很多好处：把很多系统包含进入到一个自动的或结构的设计方法，可以加速整个设计进程；用统一的设计方法来同时设计软件和硬件部分可以随着设计过程的进展，动态地进行软硬件的权衡分析，使系统性能一次性达到比较优化的程度。

3.4 柔性集成网络化协同设计的应用

3.4.1 典型仪器结构的初步设计

采用网络化协同设计的方法柔性集成了热分析仪器的加热炉体二次集成设计过程。热分析是通过程序控制温度，对物质的物理性质与温度关系进行测量的一种技术，是研究物质受热或冷却过程中所发生的各种物理与化学变化的重要途径。热分析仪器的温度控制与其内部加热炉体的均温区结构设计有直接关系，均温区的材料、体积与形状等因素严重影响热分析仪器内部温度的控制方法与效果，对热分析仪器的均温区结构设计成为热分析仪器设计的一个重要部分。热分析仪器加热炉里面含有加热元件和温度传感器，良好的设计对于提高仪器整体性能起到至关重要的作用，加热炉的材料、体积、形状等因素严重影响热分析仪器内部热场的分布。一般情况下，加热炉采用立式时，按加热元件与炉膛的装配关系，供热炉膛可分为埋入、微露、外露、穿丝、挂丝和穿挂丝等结构形式。如图 3.7 所示。

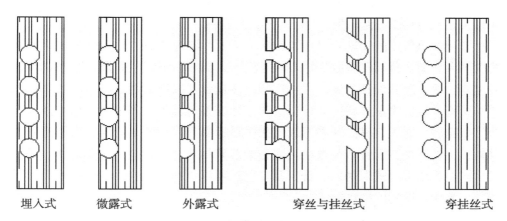

埋入式　　微露式　　外露式　　穿丝与挂丝式　　穿挂丝式

图 3.7　常见炉膛结构形式

（1）**埋入式**：电阻丝全部埋在炉膛内衬里，埋入深度约 2mm。由于炉丝埋在纤维内部，纤维对炉丝有着较好的保护作用，也保证了整个炉膛的均匀供热，主要应用于电热元件丝径较细、表面负荷不太大的情况。埋入式虽然纤维对炉丝的热辐射有一定的屏蔽作用，但由于后者深入前者内部与陶瓷质炉膛成为一体，形成了整体加热样品的格局和效果，充分保证炉膛供热的均匀性，同时，又由于纤维对炉丝有着较好的保护作用，也给炉丝的工作稳定性和使用寿命提供了保障。

（2）**微露式**：电阻丝埋入的深度浅，在炉膛内侧能看到微露的炉丝，炉丝热传导条件优于埋入式。主要应用于小功率、电热元件丝径小的情形。该方式炉丝热传导条件好，但由于加热时电阻丝会变软下坠，加上耐火陶瓷质炉芯尺寸难以精确加工和人为穿丝的不均匀等因素，很难保证炉膛对样品的均匀稳定加热。

（3）**外露式**：电阻丝部分埋在炉膛内衬里，并通过炉衬内侧的开孔，使螺旋电阻丝的四分之一至五分之一显露在炉膛内，炉丝的热传导条件好。由于炉丝处于松动状态，炉丝的冷热蠕变对炉衬寿命影响较小，应用于大功率、电热元件丝径较大的情况。

（4）**穿丝与挂丝式**：炉丝热传导条件与外露式基本相同，电阻丝可更换，应用于高温电炉。

（5）**穿挂丝式**：电阻丝悬挂在炉膛内侧的支撑物上，炉丝热传导条件好且可以更换，应用于高温电炉。

常用加热炉用的加热元器件如表 3.1 所示。综合考虑加热元件与炉膛的装配关系和新型热分析仪器加热的具体知识层要求，运用人类智能和集成资源层，首先对加热炉膛和设计材料、工艺进行初步设计。仪器柔性集成系统的柔性体系结构提供设计决策，利用网络化协同设计的多目标优化算法对具体炉体设计方法、选材、加工、价值等进行最优化多目标选择。得到结论为：采用选用铂铑丝作为炉膛加热元件，配以耐火陶瓷炉芯管材对材料群体的优化选择；采用埋入式炉膛结构形式对加工、价值及工艺工程群体的优化选择，从而为设计具有均匀稳定温度场的加热炉体提供条件。

表 3.1　加热炉常用电阻发热体及炉芯管材料表

电阻发热体材料	常用温度范围（℃）	最高使用温度（℃）	炉芯管材料及使用条件
镍络丝	900—1000	1100	耐火黏土（或陶瓷）管材
康钛丝	1200	1300	耐火黏土（或陶瓷）管材
铂丝	1350—1400	1500	刚玉质材料
铂铑丝	1400—1500	1600（1750）	刚玉质材料
钼丝	>1500	1700	高温需惰性气体保护
硅碳棒	>1300	1400	碳硅管材，兼作发热体
碳粒石磨	<2000	2200	用于高温热分析炉
钨丝	<2000	2800	用于高温热分析炉

根据以上初步设计，采用外加热式炉体结构（如图 3.8、图 3.9 所示）。

炉体由外盖、内盖、铂盖划分成三层。最内层是炉芯，是一个耐火陶瓷炉芯管材，周围螺旋状采用埋入式缠绕铂铑丝。试样和参比物在炉芯中央，加热后产生的吸放热能量由热电偶传感器测量输出。绝缘层与中间层之间充满保护性石棉。绝缘层和外层间流动着冷却气体，给炉体降温。气氛填充管路可以将加热气氛所需要的气体输入炉芯，实现不同气氛下对试样的测定。为了避免炉体升温对炉芯底部产生热胀冷缩的变形而影响采样精度，炉芯底部增加了环绕的水冷却机构。

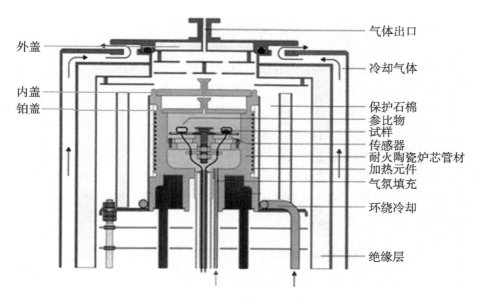

气体出口

外盖

冷却气体

内盖
铂盖

保护石棉
参比物
试样
传感器
耐火陶瓷炉芯管材
加热元件
气氛填充

环绕冷却

绝缘层

图 3.8　加热炉结构示意图

图 3.9　加热炉的实物图

3.4.2 典型仪器柔性集成仿真设计

当热分析仪器采用不同的升温速率对炉体进行升温试验时发现，传统炉体在升温空白曲线线性良好的情况下，均温区温度飘移程度比较大，炉体内部均温区上下区间存在温度误差，均温区上部与下部的温度分布呈现交替变化，这样的情况会影响仪器的分析精度，增大试验误差。

试样和参比物的温度主要由加热元件的热辐射所提供的热量来控制，而由气体入口通入的保护气体在炉腔内形成湍流，会影响到炉腔内温度场的分布。为了研究气氛与炉壁之间发生的共轭传热过程，需要建立炉体模型，在建模时根据经验将模型做一些简化，如图3.10所示。

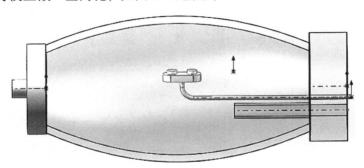

图3.10 炉体模型

1. 炉膛传热方式分析

（1）热力学分析原理

热力学分析的目的就是计算模型内的温度场分布以及热梯度、热流密度等物理量。热载荷包括热源、热对流、热辐射、热流量、外部温度场等。ANSYS Workbench可以进行两种热分析，即稳态热分析和瞬态热分析。

稳态热力学分析一般方程为

$$[K]\{I\} = \{Q\} \tag{3.10}$$

式（3.10）中，$[K]$是传导矩阵，包括热系数、对流系数及辐射系数和形状系数；$\{I\}$是节点温度向量；$\{Q\}$是节点热流向量，包含热生成。

瞬态热力学分析一般方程为

$$[C]\{\dot{T}\} + [K]\{T\} = \{Q\} \tag{3.11}$$

式（3.11）中，$[K]$ 是传导矩阵，包括热系数、对流系数及辐射系数和形状系数；$[C]$ 是比热矩阵，考虑系统内能的增加；$\{T\}$ 是节点温度向量；$\{\dot{T}\}$ 是节点温度对时间的导数；$\{Q\}$ 是节点热流向量，包含热生成。

基本传热方式有热传导、热对流及热辐射三种。从热分析仪器的工作环境分析，在对试样进行加热时，考虑到通入保护气体的情况，其热传递方式主要为对流和辐射。采用通过分析加热炉内的对流和辐射情况进行温度场分析研究。

热对流满足牛顿冷却方程：

$$q'' = h\left(T_s - T_b\right) \tag{3.12}$$

式（3.12）中，h 是对流换热系数（或称膜系数）；T_s 是固体表面温度；T_b 是周围流体温度。

在工程中通常考虑两个或者多个物体之间的辐射，系统中每个物体同时辐射并吸收热量。它们之间的净热量传递可用斯蒂芬玻尔兹曼方程来计算：

$$q = \varepsilon\sigma A_1 F_{12}\left(T_1^4 - T_2^4\right) \tag{3.13}$$

式（3.13）中，q 为热流率；ε 为辐射率（黑度）；σ 为黑体辐射常数，$\sigma \approx 5.67 \times 10^{-8} W/(m^2 \cdot K^4)$；

A_1 为辐射面 1 的面积；F_{12} 为由辐射面 1 到辐射面 2 的形状系数；T_1 为辐射面 1 的绝对温度；T_2 为辐射面 2 的绝对温度。

从热辐射的方程可知，如果分析包括热辐射，则分析为高度非线性。

（2）保护气氛流动传热分析

为了保证炉膛加热室中试样与参比物能在稳定的环境中进行试验，在试验的过程中需要不断向加热室中通入保护气体。气体给加热室提供了对流的环境，保护气体在炉体加热室内的流动及传热过程可以用 $k \sim \varepsilon$ 湍流模型来描述。强湍流传热是流动的保护气体主要进行的传热方式，而辐射传热是炉膛给试样和参比物加热的主要方式，可以以下几个控制方程来描述这一过程：

连续性方程：

$$\frac{\partial \rho}{\partial t} + \frac{\partial}{\partial x_i}\left(\rho u_i\right) = 0 \tag{3.14}$$

湍流动量方程：

$$\frac{\partial}{\partial t}\left(\rho u_i\right) + \frac{\partial}{\partial x_j}\left(\rho u_i u_j\right) = -\frac{\partial P}{\partial x_i} + \frac{\partial}{\partial x_j}\left(\tau_{ij}\right) + \rho g_i \tag{3.15}$$

组分方程：

$$\frac{\partial}{\partial t}\left(\rho m_i\right) + \frac{\partial}{\partial x_j}\left(\rho u_j m_i\right) = \frac{\partial}{\partial x_j}\left(\Gamma_i \frac{\partial m_i}{\partial x_j}\right) \tag{3.16}$$

湍流能量守恒方程:

$$\frac{\partial}{\partial t}\left(\rho H\right) + \nabla \cdot \left(\rho u H\right) = \nabla \cdot \left(\frac{k_t}{C_p}\nabla H\right) + S_h \tag{3.17}$$

式（3.17）中：ρ 为密度，单位 kg/m^3；t 为时间，单位 s；u 为层流黏性系数；x 为直角坐标系坐标；τ_{ij} 为黏性应力，单位是 N/m^2；P 为压力，单位 Pa；g 为重力加速度；m_i 为组分 i 的质量分数；H 为总焓，单位是 J/kg；C_p 为比热，单位为 $J/(kg \cdot K)$；S_h 为源项；k_t 为湍流导热系数，单位为 $W/(m \cdot K)$。根据上面的公式可以比较准确地计算出共轭传热影响下的加热炉体的整个温度场。

2. 温度场分布仿真

有限元法是一种高效能、常用的计算方法，有限元法在早期是以变分原理为基础发展起来的，所以它广泛地应用于拉普拉斯方程和泊松方程所描述的各类物理场中（这类场与泛函的极限问题有紧密的联系）。采用有限元法对温度场进行仿真是可行的，并且仿真结果准确有效。因此将采用有限元法对炉体内的温度场的分布状况进行仿真研究。

通过 Solidworks 与 ANSYS Workbench 的无缝接口导入优化后的炉体模型，并在 workbench 中对实体用六面体单元进行网格划分，对结构局部区域进行网格加密处理，以保证湍流分析的精度和准确性。并且可以使用较少的单元数量进行求解减小计算的误差。网格模型如图 3.11 所示：

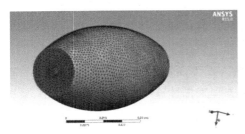

图 3.11　炉体网格模型

方程初始条件与边界条件的设定步骤如下：

（1）视炉膛底面及炉盖进行低换热系数的对流换热，对流换热系数 α 根据经验设置为 1.2（$W \cdot m^{-2} \cdot K^{-1}$）。

（2）设定炉壁为热源，热源向周围环境瞬时传热，温度由室温升高到 1200℃，升温速率为 20℃/min，取 400℃、800℃、1200℃时的温度场进行分析。

（3）设定由炉底面偏心孔进气，进气口气氛流量分别为 1mm/s、2mm/s、3mm/s、4mm/s，进口温度为室温 25℃，气氛为氮气，炉盖中心孔为出气孔。

结合给出的模型，计算分析热分析仪在不同进气流量、不同温度下的温度场分布。

进气流量的大小对炉腔对流传热及气氛的湍流形貌有很大的影响，进而影响炉腔温度场的分布。本文研究了改进结构后，分析仪炉腔从室温加热到 1200℃的过程中，不同进气流量下的炉腔温度场。其中加热温度为 400℃时，四种不同进气流量下的温度场分布如图 3.12 所示。

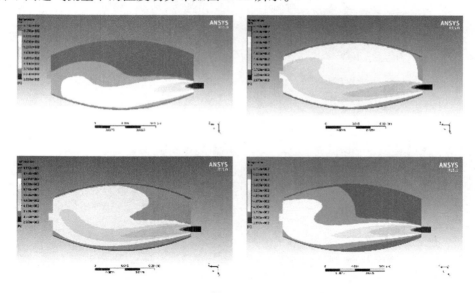

图 3.12　不同进气流量下温度场

由图 3.12 中可以看出，当温度为 400℃，进气流量在 2mm/s、3mm/s 时，试样和参比物所在区域温度场比较稳定，可以看作均温区域。气体在进加热炉腔预热的过程中，在贴近壁面的地方由于有流体的黏滞力，在热对流过程中温度略低于炉壁温度。气体会在炉腔中心形成涡流区，最后再从炉盖中心孔出来，与周围空气紊流换热，这部分并不会对中心加热区域造成太大的影响，整个温度场呈现一定的温度梯度分布。

如图 3.13 所示，是温度为 800℃和 1200℃时，不同气体流量下的温度场分布图。

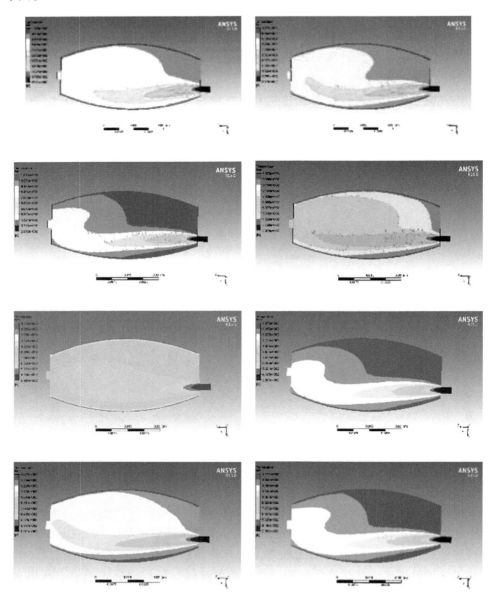

图 3.13 温度场分布图

综合几种加热温度，可以看出随着温度的升高，炉腔内温度梯度明显增大，如表 3.2 所示：

表 3.2　温度与均温区特性关系图

温度值（℃）	400				800				1200			
流量（ml/s）	1	2	3	4	1	2	3	4	1	2	3	4
均温区特性	较差	优秀	良好	良好	优秀	良好	较差	优秀	良好	良好	较差	优秀

不同进气流量会影响炉腔的对流和湍流情况，热源的温度也对气体的形貌有较大的影响。由文中分析的炉腔温度场分布来看，进气流量在 3mm/s 时，加热过程中，均温区温度性由良好变为较差。因中心有效加热区域的湍流较大，温度场不稳定，温度梯度大，温度分布范围分散，进而会增加样品和参比物的温度差异，影响对比结果。因此，在对试样进行试验，由室温加热到 1200 度过程中，可以控制进气流量在低温时为 2mm/s。考虑到进气流量过小不能很好地为试样和参比物提供稳定的保护环境，也会影响测量结果，可以加热到 400 度左右时，改为 4mm/s 的进气流量。由此保证整个加热过程中实验区的均温性。

3.4.3　仪器柔性集成的优化设计

由热分析仪器典型实验研究得到，以 10℃/min、30℃/min 升温速率进行室温—1200℃升温实验，获得加热炉体内温度空白曲线和均温区温漂曲线，如图 3.14（a）、（b）所示，结果表明：在升温空白曲线线性良好的情况下，均温区温漂误差程度均较大，最大温度误差 ΔT 分别达到 1.13℃ 和 0.45℃，且以 30℃/min 升温时高温区温漂误差呈快速增大趋势。不同温升状态炉体内温漂误差没有一致性，如果仅仅通过软件处理不能够得到行之有效地修正。

下面通过利用网络化协同设计、TRIZ 理论体系以及 ARIZ 算法等设计过程来具体进行热分析仪器炉体的二次集成优化设计。

1. 确定技术参数

存在的问题分析：由于采用不同的温升速率，炉体内部均温区上下区间存在温度误差。当升温速率为 10℃/min 时，以均温区上部为温度参考时，下部温度值要低于参考温度，两值之间的差距 △T 较大；当升温速度设定为 30℃ min 时，均温区上部与下部的温度分布呈交替变化，这样的温度差往往会直接影响

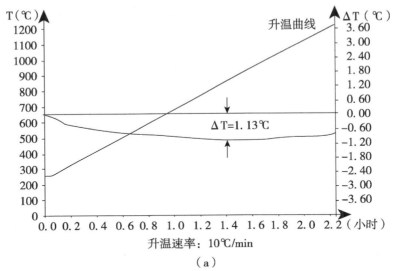

升温速率：10℃/min

（a）

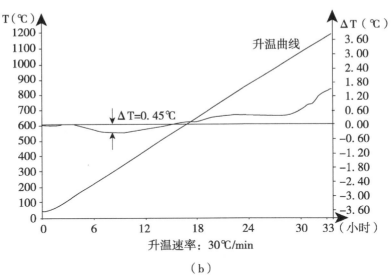

升温速率：30℃/min

（b）

图3.14　典型实验曲线

到实际试验时的分析精度要求。这是技术系统本身产生的对仪器系统有害的作用，即欲改善的特性。根据 TRIZ 理论体系中 39 个通用技术参数定义，选择"参数28——测量精度"，以此作为改善的参数。在改善"测量精度"这个参数的同时，对技术系统也提出更高的要求，即要求炉体在不同温升速率的工作过程中，必须对加热炉体结构进行更多的改变，调整炉体内热传导方式，相应地改善炉体内热传递的能力、数量与分布。根据 TRIZ 理论体系中通用技术参数定义，选择"参数 12——形状、参数 32——可制造性、参数 35——适应性及多用性"，以此作为被恶化的参数。

2. 进行矛盾分析及功能相似性计算

查找 TRIZ 矛盾矩阵，从矩阵表查找对应参数值，得到推荐发明原理，如表 3.3 所示。

表 3.3　技术冲突矩阵

改善通用技术参数	恶化通用技术参数	得到 TRIZ 矛盾矩阵解
参数 28：测量精度	参数 12：形状	原理 6：普遍性；原理 28：替代机械系统；原理 32：改变颜色
参数 28：测量精度	参数 32：可制造性	原理 6：普遍性；原理 35：改变特性；原理 25：自服务；原理 18：机械振动
参数 28：测量精度	参数 35：适应性及多用型	原理 13：反过来做；原理 35：改变特性；原理 2：抽取（提取、找回、移走）

针对热分析仪器系统加热炉体固有特性，仪器柔性集成系统通过分析不同发明原理特征对二次优化设计过程的适应度，利用目标函数切换选择、可变权值选择以及最优解选择法等多目标优化集成优化算法，分别对以上的发明原理进行分析与计算，找出使得知识群体收敛到最优解集，进行柔性集成设计，找出对解决测量精度问题能够提供帮助，从而实现二次优化设计的发明原理有原理 13 和原理 35。

3. 设计原理分析

原理 13：此原理体现在三个方面：

（1）不直接实施问题指出的动作，而是实施一个相反的动作（例如用冷却代替加热）；

（2）使物体或外部环境移动的部分静止，或者使静止的部分移动；

（3）把物体上下颠倒。根据此原理，可以通过改变加热炉体安装方式，如果将垂直安装改变成横置，将会减少炉体内部气流因温升而引起的对均温区上下温度带来的误差。利用本发明原理，对原垂直安装的热分析加热炉体进行结构上重新设计，使其满足炉体为横置状态的加热升温要求，横置后加热炉体的结构特征如图 3.15 所示。

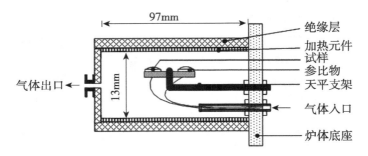

图 3.15　横置后加热炉体结构图

原理 35：此原理对本设计提供的发明思路主要是"改变温度或体积"。

根据此原理，可以通过改变加热炉管形状，调整均温区各部分的内径尺寸，改善炉体内热传递的能力和数量，达到均为去温度场的均匀分布。

利用本发明原理，对原热分析仪器加热炉体的炉管形状进行了调整，原炉管内径为圆柱形，其直径为 13mm，将其内径进行曲线化处理好，其最大内径在炉体中部，在不影响炉体正常升降的情况下尽可能减小炉体上下内径尺寸，重新设计的炉体上下部分内径为 11mm，从而最大限度地减少炉体内部因温升而引起的气体对流，调整的具体内径大小如图 3.16 所示。

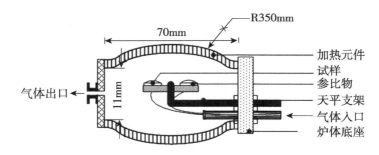

图 3.16　调整内径后的加热炉体

根据以上两种方面原理，对热分析仪器加热炉体进行二次集成优化设计后，分别采用 10℃/min、30℃/min 的升温速率分别进行实验，得到的实验曲线如图 3.17（a）、（b）所示。

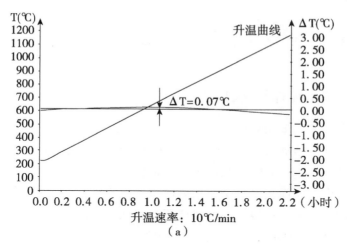

升温速率：10℃/min

（a）

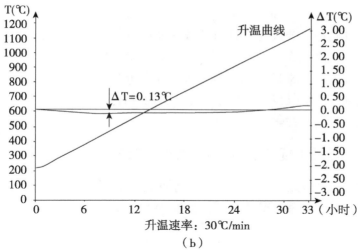

升温速率：30℃/min

（b）

图 3.17　采用新加热炉得到的实验曲线

　　最大温度误差△T 分别为 0.07℃和 0.13℃，以 30℃/min 升温时高温区温漂没有出现快速增大趋势，不同温升状态炉体内温漂误差基本保持了一致性，如果在此基础上再经过数据处理软件系统的温度修正，仪器的加热炉均温区分布将得到更有效改善。

3.5 可重构虚拟控件的柔性集成设计方法

3.5.1 虚拟控件的提出

虚拟仪器（Virtural Instrument，VI）是仪器技术与计算机技术深层次结合的产物。它的出现使测量仪器与计算机之间的界线消失，开始了测量仪器新时代，是仪器领域的一次革命。面板和控件是虚拟仪器的重要组成部分。一个虚拟仪器可以包含多个仪器面板，每个面板可以包含有不同控件。控件接收用户输入信息，显示输出信息，是用户与虚拟仪器间实现数据联系的通道。根据功能分为不同种类，可完成字符数据的显示、图形显示、输出数据等。常用控件有Numeric，Command Button，Graph 等。

虚拟控件则是一个数据接收与发送的处理容器。用户通过控件来访问并引导虚拟仪器的正常工作。如果将控件与虚拟仪器功能相互分开，就会为开发柔性化可重构虚拟控件提供可能。通过研究开发虚拟控件库，将柔性化可重构虚拟控件与待开发虚拟仪器功能之间进行"功能融合"，就会增强虚拟仪器的适应性与灵活性，达到柔性化开发目的。

3.5.2 可重构虚拟控件的集成设计方法

根据虚拟仪器开发特点和柔性化可重构虚拟控件的建模需要，采用建立智能控件化虚拟仪器开发系统模型，从原理上实现柔性化可重构虚拟控件开发的基本思想。

用户操作接口		
数据 获取 接口	控件智能化与 仪器集成功能	结 果 输 出 接 口
	系统自诊断接口	

图 3.18　虚拟仪器开发系统概要模型图

智能控件化虚拟仪器开发系统本身是建立在柔性体系结构中的一个软件系统。因此，可利用系统五元模型进行统一建模，如图 3.18 所示是虚拟仪器开发系统的概要模型。包括用户操作接口、数据获取接口、控件智能化与仪器集成功能、结果输出接口、系统自诊断接口。

对图 3.18 所示的概要模型进行细化，得到如图 3.19 所示的智能控件化虚拟仪器统一模型。在图 3.19 所示模型中，仪器面板是用户操作的唯一接口，完成用户指令的接收与解释，它既是虚拟仪器开发系统的用户操作平台，也是具体仪器的用户操作接口，而且可在这两者之间切换。通过仪器面板完成控件的智能化、控件化仪器的集成。结果输出接口输出的是智能控件化虚拟仪器，保存后提供给下次使用时直接载入、调用。维护与自诊断接口实现对仪器集成开发过程中的状态检测，并将检测结果返回到用户操作接口。

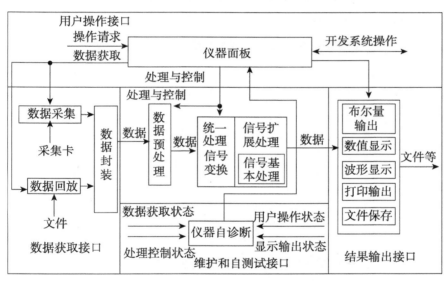

图 3.19　智能控件化虚拟仪器统一模型

虚拟控件根据不同的调用接口具有不同功能特征，主要分为：用户操作控件、数据获取控件、数据显示控件等，而数据显示控件对柔性化集成要求较高，它承载了人机交互的大部分信息内容。虚拟显示器则是人机交互的主要窗口之一，对虚拟显示器的柔性化集成显得非常必要。建立的显示器外观模型主要包括显示区（域），背景、栅格和边框三大部分，如图 3.20 所示。

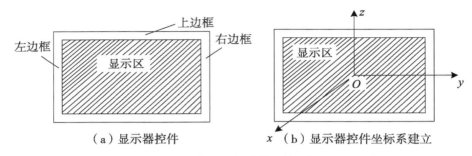

（a）显示器控件　　　　　　　　　x （b）显示器控件坐标系建立

图 3.20　柔性化可重构显示器控件及其坐标系建立示意图

　　背景和栅格的绘制只需按交互输入页面改变颜色和线宽等要素。边框的设计影响到整个显示器的形象，并直接关系到虚拟仪器的整体美观。显示器控件的坐标系建立如图 3.20（b）所示，即控件坐标系的原点建立在显示区域的中心，y 轴向向右，x 轴垂直于显示器向外。具体开发显示器控件如图 3.21 所示。

图 3.21　立体边框显示器

　　其边框均为立体形状，利用智能控件化虚拟仪器开发系统模型建立三维几何模型：

上边框：
$$\begin{cases} \dfrac{x^2}{h^2} + \dfrac{(z-H/2)^2}{w^2} = 1 \\[2mm] 0 \leqslant x \leqslant h \\[2mm] \dfrac{H}{2} \leqslant z \leqslant \dfrac{H}{2} + w \\[2mm] -z - \dfrac{W}{2} + \dfrac{H}{2} \leqslant y \leqslant z + \dfrac{W}{2} - \dfrac{H}{2} \end{cases} \tag{3.18}$$

下边框：
$$\begin{cases} \dfrac{x^2}{h^2} + \dfrac{(z+H/2)^2}{w^2} = 1 \\[2mm] 0 \leqslant x \leqslant h \\[2mm] -\dfrac{H}{2} - w \leqslant z \leqslant -\dfrac{H}{2} \\[2mm] z - \dfrac{W}{2} + \dfrac{H}{2} \leqslant y \leqslant -z + \dfrac{W}{2} - \dfrac{H}{2} \end{cases} \tag{3.19}$$

左边框：
$$\begin{cases} \dfrac{x^2}{h^2} + \dfrac{(y+W/2)^2}{w^2} = 1 \\[2mm] 0 \leqslant x \leqslant h \\[2mm] -\dfrac{W}{2} - w \leqslant y \leqslant -\dfrac{W}{2} \\[2mm] y - \dfrac{H}{2} + \dfrac{W}{2} \leqslant z \leqslant -y + \dfrac{H}{2} - \dfrac{W}{2} \end{cases} \tag{3.20}$$

右边框：
$$\begin{cases} \dfrac{x^2}{h^2} + \dfrac{(y-W/2)^2}{w^2} = 1 \\[2mm] 0 \leqslant x \leqslant h \\[2mm] \dfrac{W}{2} \leqslant y \leqslant \dfrac{W}{2} + w \\[2mm] -y - \dfrac{H}{2} + \dfrac{W}{2} \leqslant z \leqslant y + \dfrac{H}{2} - \dfrac{W}{2} \end{cases} \tag{3.21}$$

$$显示区:\begin{cases} x=0 \\ -\dfrac{W}{2}-w<y<\dfrac{W}{2}+w \\ -\dfrac{H}{2}-w\leqslant z\leqslant\dfrac{H}{2}+\omega \\ -z-\dfrac{W}{2}+\dfrac{H}{2}\leqslant y\leqslant z+\dfrac{W}{2}-\dfrac{H}{2} \end{cases} \qquad (3.22)$$

其中，W、H、w、h 分别为显示器的显示区宽、高、边框宽、边框厚。

该显示器控件的二维几何模型:

$$上边框:\begin{cases} \dfrac{H}{2}\leqslant z\leqslant\dfrac{H}{2}+w \\ -z-\dfrac{W}{2}+\dfrac{H}{2}\leqslant y\leqslant z+\dfrac{W}{2}-\dfrac{H}{2} \end{cases} \qquad (3.23)$$

$$下边框:\begin{cases} -\dfrac{H}{2}-w\leqslant z\leqslant-\dfrac{H}{2} \\ z-\dfrac{W}{2}+\dfrac{H}{2}\leqslant y\leqslant-z+\dfrac{W}{2}-\dfrac{H}{2} \end{cases} \qquad (3.24)$$

$$左边框:\begin{cases} -\dfrac{W}{2}-w\leqslant y\leqslant-\dfrac{W}{2} \\ y-\dfrac{H}{2}+\dfrac{W}{2}\leqslant z\leqslant-y+\dfrac{H}{2}-\dfrac{W}{2} \end{cases} \qquad (3.25)$$

$$右边框:\begin{cases} \dfrac{W}{2}\leqslant y\leqslant\dfrac{W}{2}+w \\ -y-\dfrac{H}{2}+\dfrac{W}{2}\leqslant z\leqslant y+\dfrac{H}{2}-\dfrac{W}{2} \end{cases} \qquad (3.26)$$

$$显示区:\begin{cases} -\dfrac{W}{2}-w<y<\dfrac{W}{2}+w \\ -\dfrac{H}{2}-w<z<\dfrac{H}{2}+w \end{cases} \qquad (3.27)$$

显示器控件的物理模型:

上边框: $\mathrm{Corlor}(y, z)=\mathrm{RGB}[L, V, N(y, z), I_a, K_a, I_d, K_d^1, K_s=K_d^1, n]$，其中:

$$N(y, z)=(\frac{A}{\sqrt{A^2+B^2+C^2}}, \frac{B}{\sqrt{A^2+B^2+C^2}}, \frac{C}{\sqrt{A^2+B^2+C^2}}) \qquad (3.28)$$

式（3.27）中，$A = \dfrac{\sqrt{1-(z-H/2)^2/w^2}}{h}$，$B = 0$，$C = \dfrac{z-H/2}{w^2}$。

下边框：Corlor (y, z) = RGB $[L, V, N(y, z), I_a, K_a, I_d, K_d^1, K_s = K_d^1, n]$，其中：

$$N(y, z) = (\frac{A}{\sqrt{A^2+B^2+C^2}}, \frac{B}{\sqrt{A^2+B^2+C^2}}, \frac{C}{\sqrt{A^2+B^2+C^2}}) \qquad (3.29)$$

式（3.29）中，$A = \dfrac{\sqrt{1-(z+H/2)^2/w^2}}{h}$，$B = 0$，$C = \dfrac{z+H/2}{w^2}$。

左边框：Corlor (y, z) = RGB $[L, V, N(y, z), I_a, K_a, I_d, K_d^1, K_s = K_d^1, n]$，其中：

$$N(y, z) = (\frac{A}{\sqrt{A^2+B^2+C^2}}, \frac{B}{\sqrt{A^2+B^2+C^2}}, \frac{C}{\sqrt{A^2+B^2+C^2}}) \qquad (3.30)$$

式（3.30）中，$A = \dfrac{\sqrt{1-(y+W/2)^2/w^2}}{h}$，$B = \dfrac{y+W/2}{w^2}$，$C = 0$。

右边框：Corlor (y, z) = RGB $[L, V, N(y, z), I_a, K_a, I_d, K_d^1, K_s = K_d^1, n]$，其中：

$$N(y, z) = (\frac{A}{\sqrt{A^2+B^2+C^2}}, \frac{B}{\sqrt{A^2+B^2+C^2}}, \frac{C}{\sqrt{A^2+B^2+C^2}}) \qquad (3.31)$$

式（3.31）中，$A = \dfrac{\sqrt{1-(y-W/2)^2/w^2}}{h}$，$B = \dfrac{y-W/2}{w^2}$，$C = 0$。

显示区：Color (y, z) = $255 * K_d^2$。

下文通过实验研究虚拟仪器的开发实验验证了该柔性化可重构虚拟显示器控件的柔性化、集成化特点。

3.5.3　虚拟控件与功能互联的方法

利用柔性化可重构虚拟控件开发虚拟仪器就是对虚拟仪器功能库的更新设计过程，本质上说就是利用虚拟控件来引导并规范数据流流动方向的过程。虚拟仪器的功能库也就是一个数据接收与发送处理的容器。用户通过功能库对外的接口——虚拟控件，来访问并引导这些数据。虚拟控件才是访问功能库以及功能库中数据的唯一途径，是功能对外提供的接口，这样，功能和虚拟控件就相互独立开来，相互之间的互联就变得不再那么复杂。

虚拟仪器系统对数据处理的各个环节都提供对外接口，将指定接口提供给相应虚拟控件的过程就是控件与功能互相融合的过程。由于接口是控件库与功能库互访的唯一合法途径，所以控件库与功能库相对独立，也就是说只要接口匹配，不同的功能可以赋予相同的虚拟控件，同样，不同的虚拟控件也可以与相同的功能进行融合，再由智能控件化虚拟仪器开发系统模型和仪器统一模型，得到如图 3.22 所示的虚拟控件与功能互联模型。

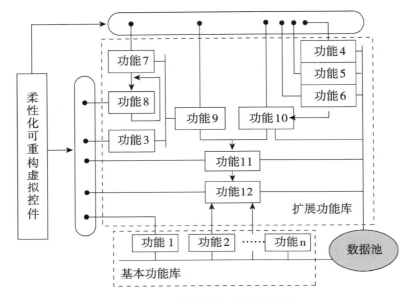

图 3.22 虚拟控件与功能互联模型

虚拟控件与功能互联通信模型按照系统模型和仪器统一模型的融合所得到的，其中每个框图代表功能库中可以提供给外界的一个功能或者功能集，黑色圆点代表功能提供的接口，是虚拟控件介入调用相应功能的窗口。一个仪器功能库可能有基本处理功能，也可能有扩展处理功能，其中基本处理功能可直接提供给外界；扩展处理功能可以调用基本处理，也可重新设计；柔性化可重构虚拟控件对应到每个功能接口。因为仪器柔性集成系统提供给仪器开发的功能库是整体封装的，要访问功能库必须通过接口函数。所以，接口函数的设计对虚拟控件与功能库之间实现可靠互联至关重要。功能接口的设计的一个基本原则是接口参数标准化。柔性化可重构虚拟控件的功能库接口分为两大类：默认接口和扩展接口。其中默认接口由专家仪器库提供；扩展接口由基本信号分析库提供。

1. 默认接口

这是一类高度集成化的功能接口，主要面向基本用户。用户不需要自己再去重新组配仪器功能，只须对虚拟控件进行简单的功能赋予即可。默认接口功能的参数都是默认的，外部无须更改也不能更改。如智能控件化虚拟仪器开发系统提供的默认接口中"幅值谱"功能，就是一个没有参数输入输出的接口，用于按钮、选择开关等布尔型虚拟控件。但"幅值谱"功能本身有参数，如数据长度、傅立叶变换长度、平均次数、采样频率、窗函数等，默认接口则将所有这些参数设置为一个默认值。

根据控件传输参数的特点，默认功能接口可以分为四种类型：

（1）面向数字输出型智能虚拟控件的功能接口，例如表盘、数码管、温度计等。传递三个参数，分别用来说明输出的数值，控件 ID 值和功能 ID 值。控件 ID 和功能 ID 在同一台仪器中是唯一的，应该避免重复。接口定义如下：Void FUNCTION（const float ∗ const，short，int）；

（2）面向数字输入型智能虚拟控件的功能接口，例如刻度式旋钮、滑动条等。传递一个参数，用来说明当前输入的数值。接口定义如下：Void FUNCTION（float ∗）；

（3）面向布尔型智能虚拟控件的功能接口，也就是在同一位置有两种状态的虚拟控件对应的功能接口，例如按钮、波动开关、选择开关、档位式旋钮等。传递一个空类型的变量。接口定义如下：Void FUNCTION（void）；

（4）面向数字输出输入型智能虚拟控件的功能接口，这是第一类功能和第二类功能组合，例如旋钮、滑动条等。传递四个参数，分别用来说明输出的数值，控件 ID 值和功能 ID 值，传值函数地址。控件 ID 和功能 ID 在同一台仪器中是唯一的，应该避免重复。接口定义如下：Void FUNCTION（const float ∗ const，short，int，FARPROC）。

2. 扩展接口

柔性化可重构虚拟控件与普通虚拟控件不一样的地方就是能在集成化开发虚拟仪器过程中，能够通过扩展接口为仪器功能重组提供方便有效的可重构虚拟控件。为"功能的柔性化集成"提供便捷途径。如图 3.22 中功能 12，它由三个基本功能组成（功能 11、基本功能库中功能 2 和功能 X），而功能 11 本身又由两个功能组成（功能 9 和功能 10）。这是一类面向高级用户的接口，这些用户既熟悉特定的工程领域，明确自己需要解决什么问题，需要哪些测试功能；也了解信号分析处理的一些基本知识，知道基本信号处理功能含义和目的，并且懂得如何由这些基本功能组合出能够完成自己特定要求的专门功能，这样就需要虚拟控件能够提供扩展接口，实现这些功能组合后所要求的专门功能虚拟控件。

利用智能控件化虚拟仪器开发系统，开发了许多信号分析处理方面的柔性化可重构虚拟控件，如：

（1）基本信号处理功能库：各种典型信号的产生；信号的基本运算：如延迟、相加、相乘、翻转、和、积、特征值等；卷积；相关；传递函数；相干函数；FFT；DCT 变换；Hilbert 变换；窗函数；FIR 滤波；IIR 滤波；谐波分析；倍频分析等。

（2）时频分析功能库：短时傅立叶变换（Gabor 变换）；Wigner – Ville 分布；ChoiWilliams 分布；Rihaczek 分布；Born – Jordan 分布等。

（3）小波变换功能库：小波基库、连续小波变换、离散小波变换、小波包变换等。

（4）数学运算功能库：方程组求解（包括线性方程组、非线性方程组、常微分方程等）、微积分、插值、拟合、概率统计等。

（5）扩展信号处理功能库：时间序列分析、高阶谱估计、神经网络、支持向量机（SVM）、Hilbert – Huang 变换、独立分量分析等。

扩展接口的设计要求柔性化可重构虚拟控件的组态性设计。扩展接口要求每类控件都具有输入输出参数。例如按钮控件、输出布尔变量（0 或 1；真或假）；选择开关控件，输出连续的状态序号 0，1，2，序号的多少取决于选择开关的层数和每层的档位数。那么对于某个扩展接口来讲，也就不要求必须具体使用哪类控件，即对于扩展接口来讲，可以赋予任何一类控件。扩展接口也可作为默认接口使用，此时该接口相关的参数都是默认。

下文通过典型实验对仪器可重构虚拟控件与功能互联的有效性进行了实践验证，验证了可重构虚拟控件的柔性化特点。

3.6　本章小结

本章面向光机电一体化仪器采用了网络化协同设计，通过网络化并行工程设计方法，实现了仪器的功能设计、结构设计、参数设计等柔性集成。基于仪器柔性体系结构，为网络化协同设计提供了多目标优化算法，保证了设计过程的最优化决策。基于 TRIZ 理论体系提出了面向网络化协同设计的二次集成优化设计方法。基于虚拟仪器技术建立了面向光机电一体化仪器的智能控件化虚拟仪器开发系统模型，从原理上分析了实现柔性化可重构虚拟控件的集成设计方法。结论如下：

（1）基于仪器柔性集成系统提出了网络化协同设计方法，实现了对光机电一体化仪器的柔性集成设计及二次集成优化设计。提出了面向网络化协同设计的二次集成优化设计方法。利用 TRIZ 理论体系，研究分析了设计理念、设计路线、优化设计结合点等问题。针对开发对象建立了 ARIZ 发明问题解决算法，通过实验研究解决了产品结构的二次集成优化设计问题。

（2）提出了面向网络化协同设计的多目标优化算法，解决了柔性集成设计过程中对分布式知识资源、人类智能、产品优化设计资源等知识与资源的最优化决策问题。通过实验研究，采用柔性集成设计方法对热分析仪加热炉体进行设计，并通过建立炉体均温区的特定技术矛盾冲突矩阵，对加热炉体均温区结构进行了二次集成优化设计，扩大了均温区范围，降低了加热炉体均温区的温飘，提高了仪器检测精度。

（3）研究了可重构虚拟控件的集成设计，虚拟控件用来实现数据接收与发送处理，通过将控件与虚拟仪器的功能相互分开，建立了柔性化可重构虚拟控件。通过控件与仪器功能之间的"功能融合"，增强了虚拟仪器的适应性与灵活性。

（4）虚拟仪器的重要特点就是具有强大数据分析与处理能力，虚拟显示器控件是准确形象显示数据处理结果的人机交互窗口。利用智能控件化虚拟仪器开发系统研究并分析了二维、三维虚拟显示器控件模块，通过改变虚拟显示器控件参数，实现了控件重构的柔性化，适应了控件的不同应用需求。

（5）利用系统模型和仪器统一模型的融合特征，研究并建立了柔性化可重构虚拟控件与仪器功能的互联通信方式。柔性化可重构虚拟控件提供了默认接口和扩展接口，为"功能的柔性化集成"提供了便捷途径。

第4章 光机电一体化仪器柔性集成的典型信号处理及应用

创建的仪器柔性集成系统主要是面向光机电一体化仪器产品的研发，构建的集成资源与仪器开发装备主要围绕此类产品开展。针对典型光机电一体化仪器产品的柔性化、集成化开发过程，重点研究了柔性集成信号处理方法涉及精密控制方法、信号降噪处理等。

仪器柔性集成系统提出了实现精确温度控制的多级递阶智能控制方法，研究并柔性集成了仪器随机误差处理方法，非线性校正误差处理方法以及基于小波变换阈值的信号滤波处理方法。

4.1 面向温控仪器的多级递阶智能控制的柔性集成

4.1.1 柔性集成精确温度控制方法

对温度的精确测控是仪器柔性集成系统柔性化、集成化开发的一个关键问题，系统柔性集成了精密温控仪器所需的多级递阶智能控制方法。

智能控温系统能通过动态改变 PID 修正因子，及时改善控制器系统对温度变化的敏感度。其最大优点是：根据对被控对象的粗略了解，（例如，根据被控对象的惯性类型、被控参数的变换范围等），便可利用智能控制的方法直接实现最佳控制。面向精密温控仪器的多级递阶智能控制方法原理如图4.1所示。

将整个控制系统划分为学习系统级、智能协调级和控制级（由模糊神经网络控制实现）。模糊神经网络控制器与被控对象形成闭环，完成实时的过程控制（实现加温工艺曲线跟踪）；智能协调级在线实时监测控制系统性能，并在线调整控制器，起到承上启下作用；学习系统级在线对智能协调的工作进行监督指导与评价，收集环境信息有效地充实和修改智能协调级，使整个控制系统的品质逐步得到改进。

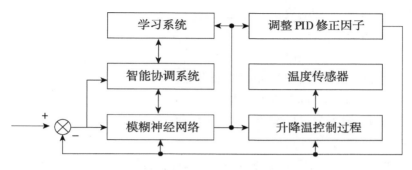

图 4.1　智能 PID 控制原理

为了便于利用计算机实现 PID 控制，将传统 PID 控制公式加以量化。根据采样时间间隔 ΔT 是由程序设计人员给定的，在计算机运行期间保持为常数值的特点，被量化的传统 PID 控制公式为：

$$y\ (n)\ =k_p e\ (n)\ +k_i \sum_{j=1}^{n} e\ (j)\ +k_d\ [\ e\ (n)\ -e\ (n-1)\ ] \tag{4.1}$$

式（4.1）中：

$y\ (n)$ ——控制器的输出；

k_p——控制器的比例作用系数；

k_i——控制器的积分作用系数；

k_d——控制器的微分作用系数；

e——被控参数的给定值对即时值的偏差。

在精密温度控制方面，使用 k_p、k_i、k_d 的常数 PID 控制规律很难适应整个反应过程，出现温升控制振荡现象，影响控制精度。因此以 PID 为基本算法，通过集成其他修正因子和校正因子进而改善控制效果，再通过与模糊神经网络和预测算法的柔性集成使得系统被控指标过冲小，静差小。

实际应用的柔性集成化智能 PID 控制规律中使用如下公式：

$$y\ (n)\ =\alpha\{k_p e\ (n)\ +k_i \sum_{j=1}^{n} e\ (j)\ +k_d\ [\ e\ (n)\ -e\ (n-1)\ ]\}+\beta\Delta T_{t+i}+\gamma T_t$$

$$\tag{4.2}$$

式（4.2）中：

α——动态增益因子；

β——预测因子；

γ——温度校正因子;

ΔT_{t+i}——$t+i$ 时刻的设定温度变化值;

i——时滞时间;

T_t——t 时刻系统的温度。

动态增益因子 α 随系统温度偏差而变化,这样处理的目的使得控制器随温度差的变化更加敏感,同时在被控指标接近目标时,系统增益降低,减少了过冲的程度。测量温度与目标温度差变大时 α 也随着增大,提高了系统的动态特性,使其控制温度尽快到达设定值。

预测校正 $\beta\Delta T_{设t+i}$ 为反应系统未来 $t+i$ 时刻的设定温度变化速率,它的引入改善了反应器系统温度的时滞,通过控制系统预测未来时间 i 时刻的设定升温速率,提前 i 时间进行补偿性增量控制,可有效地补偿系统因滞后带来的温度控制量过调而引起的振荡波动,改善系统的鲁棒性,使得系统温度按照预先设定的轨迹运行,即通过预测未来温度的变化修正 PID 的控制量。

温度校正 γT_t 对反应控制体系在不同温度下给予相应的补偿,因为反应控制系统绝非在绝热的状态下运行,会与外界有一定的热量交换,热交换速率视系统温度与环境温度之差而改变。此项的引入可以补偿在一定温度 T 时系统的静态热量损失,降低控制系统的温度振荡和改善在不同温度下恒温状态的性能。采用智能 PID 算法动态特性明显提高,尤其改善了初始升温惰性明显的缺陷。同时,变升温速率的情况下,控温精度提高,智能调节因子很好地控制了温升曲线与控温曲线的一致性。

4.1.2 柔性集成精确温控方法的应用

面向温控仪器的多级递阶智能控制方法运用于实验研究所开发的热分析仪器系统中,要求精确控制炉温在室温至 1100℃ 范围内实现多段"升温—降温—保温"等功能。如图 4.2 所示,图(a)、(b)分别是硬件 PID 控制器与多级递阶智能控制方法下实际温升曲线与给定温升曲线之间的比较图以及局部温升状态的放大显示图。

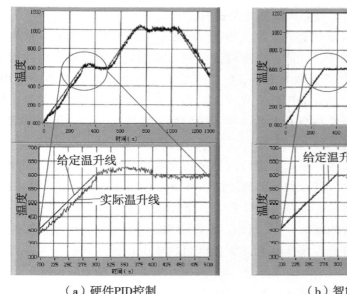
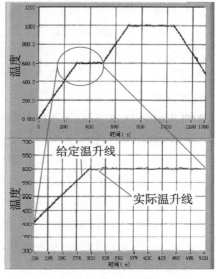

（a）硬件PID控制　　　　　　　　　（b）智能PID控制

图 4.2　PID 控制和智能 PID 控制的温度曲线图

炉温从室温开始经历升温、恒温，再升温、恒温，然后降温的多段变温控制过程。由图可见，采用参数给定的硬件 PID 控制时，温度超调最大达到 25℃，超调量为 4%，保温阶段温度一致有波动，降温阶段温度控制也跟不上温度设定变化的要求。而采用集成其他修正因子的智能 PID 控制时，温度曲线跟随效果良好，从局部放大图可见温度也有波动，但是波动很小，能够为仪器的精确测量提供控温条件。

实际的温控效果除了可以从加热曲线的线性度来衡量外，还可以通过对仪器实现功能与温度有关的数据处理来体现。当然，影响实验结果准确性的因素除了精密的控温、有效的分析处理方法外，还有实验仪器、实验环境、人为误差等。

4.2　面向太阳方位自跟踪控制的柔性集成

全天候太阳方位自跟踪控制是典型光机电一体化关键技术，研究其柔性集成开发方法具有普适性，能够为迅速构建面向太阳方位跟踪的新能源发电装置提供核心技术，能够通过提高太阳能转换效率。

由于辐射到地面的阳光受到气候、纬度、经度等自然条件的影响，使得对太阳能的利用有着间歇性、光照方向和强度随时间不断变化的问题，由此对太阳能的收集和利用提出了更高的要求，阻碍了太阳能的广泛性和普适性应用，对太阳方位进行全天候的自动跟踪，实现太阳光照方向的精确测控是仪器柔性集成系统进行柔性化、集成化开发的一个关键问题，系统柔性集成了精密太阳方位控制所需关键装置与技术。

根据已研究成果表明：跟踪系统应用到平板光伏发电阵列，可以比固定模式提高33%的效率，对于高聚焦比的系统能够提高大约28%的效率。一般来说，单轴式跟踪装置可以将发电量提高20%左右，而双轴式跟踪可以提高35%左右。所以如何通过精确有效的跟踪太阳方位来提高自跟踪发电装置的高效的采集和利用太阳能，并减少自身在采集和利用太阳能过程中的损耗是光伏自跟踪发电系统的关键问题。

为此，仪器柔性集成系统开发平台在建立了双轴太阳方位跟踪的模型的基础上，提出了万向节式双轴太阳跟踪方法，并设计了万向节式太阳跟踪装置；然后提出了全天候太阳方位自跟踪控制方法，此方法是以光感跟踪与时间跟踪方法相结合的双跟踪控制方式，并设计了全天候太阳方位双轴自跟踪系统。实验验证，全天候太阳方位跟踪系统实现了实时跟踪太阳方位，并提高了太阳方位跟踪精度，降低了跟踪装置能耗。该装置模块采用模块化设计，可广泛在家用太阳能、光伏膜建筑、太阳能路灯、太阳能发电站等方面进行应用。

4.2.1 双轴太阳方位跟踪模型的构建

双轴太阳方位跟踪方法能同时跟踪太阳的方位角与高度角的变化，在理论上可完全跟踪太阳的运行轨迹以实现入射角为零。从跟踪模型方面，双轴太阳方位跟踪方法可分为赤道坐标和地平坐标系两种方法。

1. 赤道坐标系跟踪方法建模

赤道坐标以地球贯穿南极和北极的地轴以及地球赤道平面为参照系，如图4.3所示。此时光伏阵列必须安装在一根与地轴平行的主轴上，即主轴倾角调整到当地纬度 φ。跟踪装置跟踪太阳的赤纬角与时角两个变量。

根据太阳赤纬角 δ 调整光伏阵列与旋转主轴的夹角 β，使得 $\beta = \delta$，其中赤纬角 δ 的计算公式为：

$$\delta = 23.45 sin\left[\frac{360}{365}\left(284 + n\right)\right]$$ (4.3)

式（4.3）中，n 为积日，即一年中第 n 天。

或者采用更加精确的计算公式：

$$\delta = 23.45 sin\left[\frac{\pi}{2}\left(\frac{n_1}{92.975} + \frac{n_2}{93.629} + \frac{n_3}{89.865} + \frac{n_4}{89.012}\right)\right]$$ (4.4)

式（4.4）中，n_1 为从春分开始计算的天数；n_2 为从夏至开始计算的天数；n_3 为从秋分开始计算的天数；n_4 为从冬至开始计算的天数。

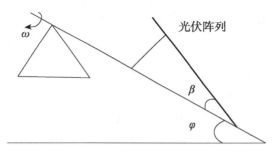

图 4.3　赤道坐标系双轴跟踪

图 4.4　基于赤道坐标系的单轴跟踪装置

旋转主轴的旋转速度等于时角 ω，若已知 24 小时制时间 t，则时角 ω 为：

$$\omega = （t-12）\times 15°\qquad（4.5）$$

采用赤道坐标系的双轴太阳跟踪装置机构较复杂，旋转方式不适合大型光伏阵列，因此在双轴光伏发电领域很少应用，但在单轴跟踪发电系统（只跟踪太阳时角）中有一些应用，如图 4.4 所示，即为一赤道坐标系单轴跟踪装置。

2. 地平坐标系跟踪方法的建模

地平坐标系太阳跟踪方法以地平面为参照系，即采用太阳相对于地平面的位置来跟踪太阳。地平坐标系跟踪装置主要跟踪太阳高度角 γ（太阳光线与观测点地平面的夹角）和太阳方位角 θ（太阳光线在观测点地面上的投影与观测点经线的夹角），如图 4.5 所示。如果已知当地纬度与时间即可计算太阳高度角与太阳方位角。

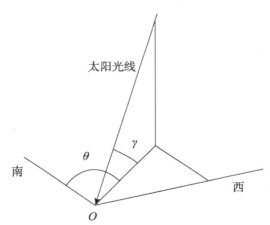

图 4.5　太阳高度角 γ 与太阳方位角 θ

太阳高度角计算公式：

$$\sin\gamma = \sin\varphi\sin\delta + \cos\varphi\cos\delta\cos\omega\qquad（4.6）$$

太阳方位角计算公式：

$$\sin\theta = \cos\delta\sin\omega / \cos\gamma\qquad（4.7）$$

$$或\ \cos\theta = \frac{\sin\gamma\sin\varphi - \sin\delta}{\cos\gamma\cos\varphi}$$

由于地平坐标系跟踪采用立柱轴旋转及光伏阵列倾角变化，传动机构容易实现，因而目前双轴跟踪装置多为此类跟踪方法，如图 4.6 所示为地平坐标系双轴跟踪装置。

图 4.6   基于地平坐标系的双轴跟踪装置

4.2.2   万向节式双轴太阳跟踪方法及装置的研究

如上节所述，地平坐标跟踪法跟踪装置是通过光伏阵列围绕自身的水平中心轴旋转实现太阳高度角跟踪，同时通过光伏阵列围绕立柱中心轴旋转实现太阳方位角跟踪。这种跟踪装置一般具有齿轮传动或蜗轮蜗杆传动结构，整体跟踪精度较差，适合非聚光光伏发电系统，如果要实现高精度太阳方位跟踪，以适应聚光光伏发电系统时刻精确正对太阳的要求，则跟踪装置需要制造高精密齿轮或高精密蜗轮蜗杆及精密伺服系统，造价高昂。为此提出将太阳方位角及高度角参数换算成两个驱动转角参数，来驱动光伏阵列进行万向节式的跟踪太阳方位的运动方式。

1. 万向节式双轴太阳跟踪方法

为了驱动光伏阵列进行万向节式的运动，即围绕平行于矩形光伏阵列两个对称轴的主轴旋转（类似于十字万向节），因此需要将太阳方位角及高度角的参数进行换算。假设光伏阵列的阳光收集面为矩形平面，光伏阵列围绕两个不相交的但分别平行于光伏阵列水平中心轴与纵向中心轴的转轴旋转，其转角与太阳方位角及高度角的关系如图4.7所示。

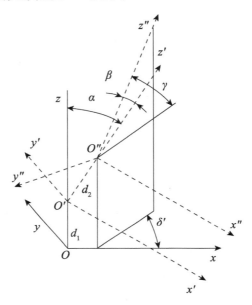

图4.7 光伏阵列转角与太阳方位参数关系

假设原光伏阵列水平放置，则经过两次转动的光伏阵列的上平面可用空间直角坐标系 $o'' - x''y''z''$ 中的坐标平面 $x''o''y''$ 表示，其法线方向用坐标轴 z'' 表示。另设空间直角坐标系 $o - xyz$ 中的坐标平面 xoy 与地面重合，y 轴指向正南方，x 轴指向正西方，则坐标系 $o'' - x''y''z''$ 可视为坐标系 $o - xyz$ 沿 z 轴平移距离 d_1 后，绕 y' 轴旋转 α 角，再沿 z' 轴平移距离 d_2 后，绕 x'' 轴旋转 β 角而生成。坐标轴 z'' 在坐标平面 xoy 上的投影与 x 轴的夹角 δ' 即为太阳方位角 θ 的余角，坐标轴 z'' 与坐标平面 xoy 的夹角即为太阳高度角 γ。

假设绕坐标轴逆时针旋转为正方向，则坐标系 $o - xyz$ 中的坐标 (x, y, z) 与坐标系 $o'' - x''y''z''$ 的坐标 (x'', y'', z'') 之间的变换公式为：

$$\begin{bmatrix} x \\ y \\ z \end{bmatrix} = \begin{bmatrix} 0 \\ 0 \\ d_1 \end{bmatrix} + \begin{bmatrix} \cos\alpha & 0 & -\sin\alpha \\ 0 & 1 & 0 \\ \sin\alpha & 0 & \cos\alpha \end{bmatrix} \left(\begin{bmatrix} 0 \\ 0 \\ d_2 \end{bmatrix} + \begin{bmatrix} 1 & 0 & 0 \\ 0 & \cos\beta & \sin\beta \\ 0 & -\sin\beta & \cos\beta \end{bmatrix} \begin{bmatrix} x'' \\ y'' \\ z'' \end{bmatrix} \right) \quad (4.8)$$

则有:

$$
\begin{cases}
x = x''cos\alpha + (-y''sin\beta + z''cos\beta + d_2)(-sin\alpha) \\
y = y''cos\beta + z''sin\beta \\
z = x''sin\alpha + (-y''sin\beta + z''cos\beta + d_2)cos\alpha + d_1
\end{cases}
\tag{4.9}
$$

设坐标系 $o'' - x''y''z''$ 下的两点坐标为 $(0, 0, 0)$ 与 $(0, 0, 1)$,则它们在坐标系 $o - xyz$ 下的坐标是 $(-d_2 sin\alpha, 0, d_2 cos\alpha + d_1)$ 与 $[-(cos\beta + d_2)sin\alpha, sin\beta, (cos\beta + d_2)cos\alpha + d_1]$,通过这两点在坐标系中的坐标关系可推导出驱动转角与太阳方位角及高度角的关系为:

$$
\begin{cases}
cot\alpha = -\dfrac{tan\gamma}{sin\theta}, & (\theta \neq 0 \text{ 且 } \gamma \neq 90°) \\
cos\beta = \dfrac{sin\gamma}{cos\alpha}, & (\alpha \neq \pm 90°)
\end{cases}
\tag{4.10}
$$

当 $\theta = 0$ 或 $\gamma = 90°$ 时,可取 $\alpha = 0$,$\beta = 90° - \gamma$。由于在实际应用场合 α 不取 $\pm 90°$,因此当 $\theta \neq 0$ 且 $\gamma \neq 90°$ 时上述关系式始终成立,即当给定太阳方位角 θ 与高度角 γ 后,即可唯一确定驱动转角 α 与 β。

确定了转角 α、β 与太阳方位角 θ、高度角 γ 关系后,可以得出不同时间转角 α、β 差值与太阳方位角 θ、高度角 γ 差值的关系,从而确定转角 α、β 步进角度差值 $\triangle\alpha$、$\triangle\beta$,再根据角度与传动关系变换,可以依次得出电机驱动所需的步进指令。

2. 万向节式双轴太阳跟踪装置的设计

根据万向节式双轴太阳跟踪方法,设计的万向节式太阳方位跟踪装置,其总体结构图,如图 4.8 所示。

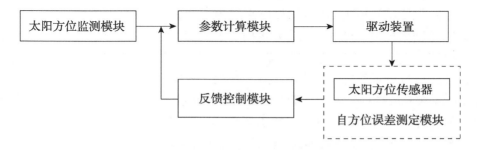

图 4.8 万向节式太阳方位跟踪装置总体结构图

万向节式太阳方位跟踪装置包括太阳方位监测模块、参数计算模块、驱动装置、自方位误差测定模块以及反馈控制模块。该装置能及时采集太阳方位参数进行换算，并且能够根据光伏阵列方位误差修正实时联动的频率与步幅。万向节式太阳方位跟踪装置的运行步骤如下：

（1）太阳方位监测模块实时监测太阳方位，发送太阳方位角及高度角参数给参数计算模块。太阳方位监测模块采用太阳敏感器，可以直接获得太阳方位数据。

（2）参数计算模块通过预设公式计算该参数，得到与太阳方位角及高度角对应的两个驱动转角参数。

（3）根据太阳方位角与高度角参数变化，驱动装置驱动光伏阵列进行两个驱动转角的实时联动。

（4）自方位误差测定模块实时监测光伏阵列方位误差，发送光伏阵列方位误差参数给反馈控制模块。其中，光伏阵列方位误差包括方位角误差及高度角误差两个角误差参数。

（5）反馈控制模块根据光伏阵列方位误差修正步骤3）中实时联动的频率与步幅。

万向节式太阳方位跟踪装置的机电系统结构示意图，如图4.9所示，包括两个转轴、两个丝杠升降机构、两个支撑座、一个光伏阵列支撑框架、光伏阵列太阳能电池板、一个气弹簧、一组立柱及一套电机控制装置。

其中，丝杠升降机构Ⅰ与丝杠升降机构Ⅱ结构相同，均由步进电机、蜗轮蜗杆减速器、丝母及丝杠组装而成，传动路线为：步进电机旋转→蜗轮蜗杆减速器旋转→丝母旋转→丝杠上升或下降。

万向节式太阳方位跟踪装置机电系统的两个旋转轴相互垂直，如图4.9所示，即X轴垂直于Y轴。丝杠升降机构Ⅰ可翻转地安装在支撑座Ⅰ上；X轴固定在支撑座Ⅰ上；支撑座Ⅰ安装在Y轴上并且可绕Y轴旋转；Y轴固定在立柱上。丝杠升降机构Ⅱ可翻转地安装在支撑座Ⅱ上；支撑座Ⅱ固定在立柱上。太阳能电池板安装在支撑框架上；支撑框架安装在X轴上并且可绕X轴旋转。每个转轴上的旋转支点均安装轴瓦并加润滑脂，减少磨损。支撑框架与支撑座Ⅰ都由挡块限定其在X轴与Y轴上的轴向位置，防止它们分别沿X轴与Y轴窜动。

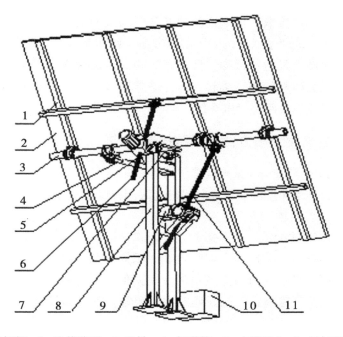

（1. 支撑框架　2. 光伏阵列　3. X 轴　4. 气弹簧　5. 支撑座 I　6. 丝杠升降机构 I
7. Y 轴　8. 立柱 9. 支撑座 II　10. 电机控制装置 11. 丝杠升降机构 II）

图 4.9　太阳跟踪装置机电系统结构示意图

该机电系统的工作过程为：电机控制器输出两组控制脉冲，驱动两个步进电机正向或反向旋转，经减速器带动丝母旋转，丝母迫使丝杠上升或下降。丝杠升降机构 II 的丝杠推动 X 轴、支撑座 I、丝杠升降机构 I、支撑框架及太阳能电池板共同绕 Y 轴旋转，丝杠升降机构 I 的丝杠推动支撑框架与太阳能电池板共同绕 X 轴旋转，两个运动合成后即可完成太阳方位角与高度角的两维跟踪。

万向节式太阳方位跟踪装置通过丝杠微小的上升推动太阳能电池板翻转极小的角度，因而可以实现高精度太阳方位角与高度角的跟踪；该机电系统无须绕立柱中心轴旋转，并且丝杠升降机构中丝母与丝杠的啮合点较多，再配以气弹簧辅助支撑，因而跟踪装置的承载能力和抗风能力明显增强；此外，跟踪装置可利用低精度的丝杠传动实现高精度的太阳方位跟踪，无须制造大型精密齿轮或精密蜗轮蜗杆，可大大降低高精度太阳方位跟踪装置的机电系统制造成本。

万向节式跟踪装置通过将太阳方位角及高度角的参数进行换算，得到与之对应的两个驱动转角参数，根据这新的参数驱动太阳能电池板进行万向节式的运动以跟踪太阳，改变了通常的太阳跟踪方法，跟踪精度高，跟踪时间间隔小，整个系统的结构简单且造价低廉，但是跟踪装置是围绕平行于矩形对称轴的主轴旋转，不利于大型光伏阵列旋转，因此该装置只适合于中小型的非聚光或聚光的光伏充气膜建筑自跟踪发电系统。

4.2.3 全天候太阳方位自跟踪控制方法

1. 时间跟踪控制方法与光感跟踪控制方法

从跟踪装置驱动角度的获得途径可分为时间跟踪方法和光感跟踪方法。

（1）时间跟踪的控制方法

时间跟踪的控制方法：①根据天文学公式，得出当前时间和当地纬度的太阳时角和太阳赤纬角；②根据太阳时角和太阳赤纬角计算出太阳高度角、太阳方位角；③根据太阳高度角与方位角的变化差值，运行控制程序推算出驱动电机的脉冲指令，使跟踪装置完成开环式太阳跟踪，其具体控制过程，如图4.10所示。

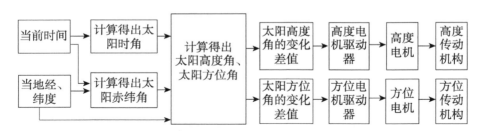

图 4.10 时间跟踪的控制方法框图

这种时间跟踪的控制方法的特点是跟踪方式不受天气状况的影响，具有较高的可靠性，但是在计算太阳角度的过程中会产生误差，从而影响跟踪精度，使得跟踪装置的机械执行机构的精密程度也影响装置的跟踪精度；并且无论气候如何变化都始终在运转，只是按时间定时进行跟踪，则增加了跟踪系统的能耗；并且由于控制时间间隔的限定以及每次机械操作的微小误差，太阳跟踪系统则会存在长时间内的累计误差，使得太阳能电池板严重偏离太阳方位。

（2）光感跟踪的控制方法

光感跟踪的控制方法是根据光感元器件测定太阳的方位驱动跟踪装置跟踪

太阳的。即当太阳位置改变时，太阳光照强度的变化引起光感元器件的光电转换器输出电信号的改变，经过跟踪控制器对电信号的变化进行分析、判断和处理，用以驱动电机运行改变跟踪装置的位置，使光电转换器达到平衡。光感跟踪的光感元器件可以是光电池、CMOS 器件、光栅、光电二极管、线阵 CCD、面阵 CCD、PSD、APS 等器件，其后续信号处理单元通常是单片机或可编程逻辑器件。

光感跟踪模式的特点是光感元器件实时采集太阳的方位信息，计算分析比较太阳的光强变化，从而驱动太阳跟踪装置实现跟踪太阳。该方式不受太阳跟踪装置安装的地理位置及冬夏时差的影响与限制，装置使用方便、灵活，跟踪精度高，但是在阴天时，太阳辐射强度较弱，光感元器件很难响应光线的变化。在多云的天气里由于受到云彩的遮挡，光感跟踪法误差较大或者根本无法工作；天空中某处由于云层变薄而出现相对较亮的光斑时，光感跟踪方式可能会使跟踪装置误动作，甚至会引起严重事故。

2. 全天候太阳方位自跟踪控制方法

根据上述太阳方位跟踪原理的获取方法与原理，提出了以光感跟踪与时间跟踪方法相结合为双跟踪方式，并采用太阳高度角传感器和方位角传感器对太阳跟踪角度偏差检测自动定位和校准的闭环的全天候太阳方位自跟踪控制方法，其控制原理和控制流程，分别如图 4.11 和 4.12 所示。

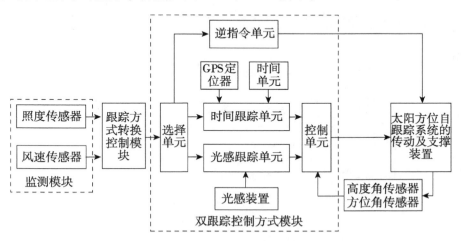

图 4.11　全天候太阳方位自跟踪闭环控制原理框图

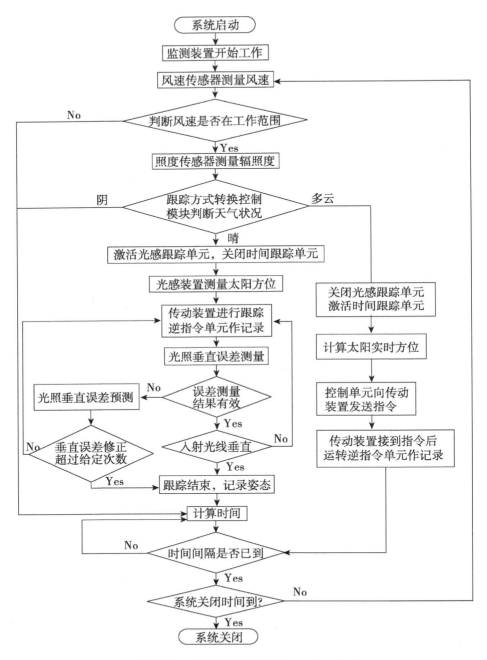

图 4.12   全天候太阳方位跟踪控制流程图

全天候太阳方位自跟踪控制系统，主要包括监测模块、跟踪方式转换控制模块、双跟踪控制方式模块和太阳方位自跟踪系统的传动及太阳电池阵列的支撑装置。监测模块用于监测天气状态，并将天气状态参数发送到跟踪方式转换控制模块；跟踪方式转换控制模块根据监测装置发送来的参数进行判断，并向双跟踪控制模块发出指令；双跟踪方式控制模块根据跟踪方式转换控制模块送来的指令启动相关跟踪方式，控制传动及支撑装置运动，以改变太阳能采集装置的跟踪姿态。全天候太阳方位自跟踪系统的转换控制过程，为：

（1）在跟踪方式转换控制模块得出"天亮"的结论时

直接将该信息发送给选择单元，选择单元将该指令发送到逆指令单元，并等待跟踪方式转换控制模块继续发送指令。此时逆指令单元初始化指令记录，并开始记录控制单元的指令。

（2）在跟踪方式转换控制模块得出"风大"或"阴"的结论时

直接将该信息发送给选择单元，选择单元关闭光感跟踪单元及时间跟踪单元，最终将跟踪装置保持在固定姿态，减少太阳能电池板风阻同时降低跟踪系统能耗。其中"阴"指室外平均照度较差的天气。

（3）在跟踪方式转换控制模块得出"风小"的结论时

直接将该信息发送给选择单元，选择单元此时需对比跟踪方式转换控制模块发送的"晴"或"多云"的结论后开始发送指令。

（4）在跟踪方式转换控制模块得出"晴"的结论时

将该参数信息发送到选择单元，选择单元激活光感跟踪单元并关闭时间跟踪单元。光感装置可以测量太阳光射线与水平面的夹角及太阳光射线在水平面上投影与经线的夹角。光感装置按照系统设定的时间间隔定时将所测得的数据以参数形式发送到控制单元，控制单元根据该参数信息向传动及支撑装置发送并记录指令，同时将该指令发送到逆指令单元作记录。传动及支撑装置接到指令后运转，以保证太阳能电池板的阳光采集面始终与阳光照射方向垂直，其中"晴"指室外平均照度非常好的天气。

（5）在跟踪方式转换控制模块得出"多云"的结论时

将该参数信息发送到选择单元，选择单元关闭光感跟踪单元并激活时间跟踪单元。其中"多云"指室外平均照度较好的天气。时间跟踪单元启动，首先读取系统的时间参数信息，并根据定位器测定的位置参数确定时间位置关系，由此确定太阳光射线与水平面的夹角及太阳光射线在水平面上投影与纬线的夹角。然后按照系统设定的时间间隔定时将所测得的数据以参数形式发送到控制单元，控制单元根据该参数信息向传动及支撑装置发送指令，同时将该指令发送到逆指令单元作记录。传动及支撑装置接到指令后运转，以保证太阳能电池板阳光采集面始终与阳光照射方向垂直。

（6）在跟踪方式转换控制模块得出"天黑"的结论时

直接将该信息发送给选择单元，选择单元关闭光感跟踪单元及时间跟踪单元，并将该信息直接发送到逆指令单元。逆指令单元接到该信息后，对记录在该逆指令单元中的指令作逆变换，然后依次将已经作了逆变换的指令发送到传动及支撑装置。传动及支撑装置接到指令后运转，沿原运动轨迹退回到其初始位置。

4.2.4　太阳方位自跟踪控制集成方法验证

使用万向节式双轴跟踪装置（使用全天候太阳方位自跟踪算法）与水平固定安装的同规格光伏阵列进行对比实验。测试地点：北京地区（东经 116.383、北纬 39.9、海拔 25m）。测试结果如表 4.1 和图 4.13 所示。得到以下结论：

（1）万向节双轴跟踪系统与水平固定安装的光伏阵列发电系统相比，全年的太阳辐射量高，并且有更高的全年发电量。

（2）从 1 月份开始，万向节双轴跟踪系统的发电量逐月上升，到 5 月份达到最大值。但是进入 7 月份后，发电量有一个明显的下降。按照天文分析，随着太阳向北回归线移动，太阳高度角越来越大，发电量应该随之增大。那是因为从 1 月到 7 月，气温、大气湿度、降水天数也在逐月升高，到 7 月达到全年的最高点，而相对于这些参数的变化幅度，日平均日照时数却是缓慢上升的。气温的升高会导致光伏组件发电效率下降，这也是在近似的太阳辐照强度下 3 月份的发电量反而比 7 月要多的原因；降水使大气湿度增加以及较多的阴天降低了到达光伏组件的太阳辐射。这几个因素对太阳能光伏发电系统的发电效率产生了很大影响。实验结果表明光伏阵列的特性与仿真分析结果相同。

实践运行情况研究表明，本万向节式双轴跟踪控制器应用在太阳能发电中实现了高精度跟踪，使发电效率大大提高，年平均发电量比固定式高于25%—40%。

表 4.1　两种实验方式的太阳辐射量数据

月份	环境温度（℃）	太阳辐射量（KW/m²）（水平固定安装）	光伏组件表面有效辐射量（KW/m²）（万向节式双轴跟踪装置）
1	−4.50	64.5	85.2
2	−1.70	80.4	97.6
3	5.00	115.1	124.7
4	13.4	150.3	153.7
5	19	168.7	162.2
6	24	164.0	155.6
7	25.71	130.4	123.6
8	24.39	131.2	129.5
9	19.40	117.2	123.6
10	12.50	98.0	116.0
11	4.10	66.2	82.3
12	−3.0	55.6	73.4
全年	11.525	1341.6	1425.4

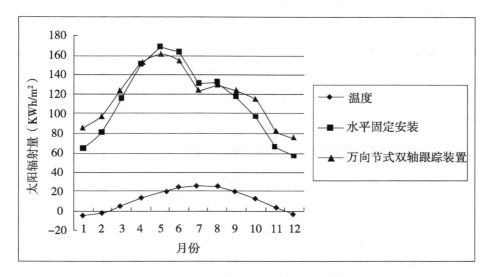

图 4.13　两种实验方式的太阳辐射量数据

4.3　面向光伏发电仪器发电量的预测方法集成

　　光伏自跟踪发电仪器由于受太阳辐射强度、电池组件温度、天气、云层和一些随机的因素的影响，系统运行过程是一个非平衡的随机过程，其发电量和输出功率随机性强、波动大、不可控制，在天气突变时表现得尤为突出。这种发电方式在接入用电设备后必会对机电设备的安全和管理带来一系列问题。在柔性集成开发太阳能发电仪器系统过程中，需要能够较为准确的提前预测光伏自跟踪发电仪器系统的发电量大小，为经济合理分配电力供给、实现经济安全运行、维持系统稳定提供依据。

　　为此，仪器柔性集成开发系统提出了一种加入天气预报信息的基于自适应变异粒子群（Adaptive Mutation Particle Swarm Optimization，AMPSO）的神经网络光伏发电量预测方法。首先针对传统神经网络预测模型中基于梯度下降的 BP 算法收敛慢、易陷入局部最优、训练难收敛等问题，提出了利用 AMPSO 算法改进神经网络的训练效果。通过将变异环节引入 PSO 算法，通过隔代进化进一步寻找到局部最优解；然后通过分析影响 IMBAPV 自跟踪发电系统的发电量的主要因素，建立加入天气预报信息的 AMPSO 神经网络自跟踪发电系统的发电量预测模型；最后基于历史发电量数据和气象数据对训练好的模型进行柔性集成测试和评估。预测结果表明：预测模型有较高的精度，能够解决 IMBAPV 自跟踪发电的随机化问题，提高了系统的稳定运行能力，是一种有效可行的发电量预测方法。

4.3.1　基于自适应变异粒子群的神经网络算法

　　光伏自跟踪发电仪器在某时间段的发电量的神经网络的表达式为：

$$P = f\left(\sum_{i=1}^{n} A_i f\left(\sum_{j=1}^{m} a_{ij} x_j\ (k)\right)\right) \tag{4.11}$$

　　式（4.11）中，P 为光伏自跟踪发电仪器在某时间段的发电量；a_{ij} 为代表权值；$x_j\ (k)$ 为输入变量。

　　光伏自跟踪发电系统的基于神经网络的发电量预测算法，目标函数值为实测功率与预测功率的最小平方差，通过不断地调整权值 a_{ij}，直到网络输出误差收敛，寻找到最优权值 a_{ij}。

梯度下降法是神经网络的常见训练方法，但是这种算法达到的精度非常依赖于初始权值的选择，且实际运用中训练速度较慢且易陷入局部极小值而达到早熟，直接影响着神经网络的非线性逼近与泛化能力。

粒子群算法的优点在于收敛速度快，不需要计算目标函数的最佳梯度下降，减轻了计算的负担，但是仍然容易陷入局部极小值。针对这个缺陷，本文将变异与进化的思想加入到 PSO 算法中，这种自适应变异粒子群 AMPSO 算法可以在有限时间内最大化搜索全局最优值。

1. AMPSO 算法

粒子群优化（Particle Swarm Optimization，PSO）算法是模拟鸟类捕食行为的群体智能算法，由美国电气工程师 Eberhart 和社会心理学家 Kennedy 于 1995 年提出，是一种新的全局优化进化算法。由于 PSO 优化算法容易实现，需要调整的参数少，一经提出就受到了研究者的重视，被广泛应用到各个领域，已经成功地用于系统辨识、神经网络训练等。

基本 PSO 算法就是模拟一群鸟寻找食物的过程，每个鸟就是基本 PSO 算法中的粒子，也就是我们需要求解问题的可能解，这些鸟在寻找食物的过程中，不停改变自己在空中飞行的位置与速度。可以发现，鸟群在寻找食物的过程中，开始鸟群比较分散，逐渐这些鸟就会聚成一群，这个群忽高忽低、忽左忽右，直到最后找到食物。

PSO 算法同遗传算法（GA）类似，是一种迭代的优化工具，系统初始化为一组随机解，通过迭代搜寻最优解，但是并没有 GA 用的交叉及变异，而是粒子在解空间中追随最优的粒子进行搜索。同 GA 相比，PSO 算法的优势在于简单容易实现，能够记忆个体最优和全局最优信息，但是 PSO 优化算法同 GA 等其他全局优化算法一样，同样存在早熟收敛现象，尤其是在比较复杂的多峰搜索问题中，很容易陷入一个局部最优值。目前解决这一问题的主要方法是增加粒子群的规模，但仍不能从根本上克服早熟收敛和计算量大的问题。

为了克服 PSO 算法容易陷入一个局部最优值的问题，将遗传算法中变异（mutation）的过程和进化算法（evolution）的思想引入到自适应粒子群算法中，形成 AMPSO 算法，AMPSO 算法的寻优过程是对代表最优解的粒子在局部进行位置调整。根据我们以往的寻最优解的经验，适应度最好的解往往是被包围在大量的次最优解之中，因此很多时候，次最优解被寻找出来而真正的没有被发现的最优解往往就在附近。因此在 AMPSO 算法中就很有必要加上一步针对局部小范围寻找最优的进化算法。

假设在一个 d 维的目标搜索空间中有 n 个粒子，则粒子 i 的位置矢量和速度矢量可以表示为：

$$X_i = [x_{i1}, \ x_{i2}, \ \cdots, \ x_{id}] \atop V_i = [v_{i1}, \ v_{i2}, \ \cdots, \ v_{id}], \ i = 1, \ 2, \ \cdots, \ n \qquad (4.12)$$

待求问题初始化为一群随机粒子（随机解），每个粒子在搜索空间中"飞翔"，可以根据目标函数 $f(\cdot)$ 来计算它的适应值。通过迭代找到最优解。在迭代过程中，粒子通过跟踪两个"极值"不断调整自己的位置，进行更新。第一个就是粒子 i 本身所找到的个体最优解（即粒子 i 到目前为止自身搜索到的最好的适应度位置），记为 $P_{(ibest)}$，用向量 $P_i = [p_{i1}, \ p_{i2}, \ \cdots, \ p_{id}]$ 来记录此位置；另一个极值是整个种群目前所找到的全局最优解（即全局所有粒子最好的适应度位置），记为 $P_{(gbest)}$，用向量 $P_g = [p_{g1}, \ p_{g2}, \ \cdots, \ p_{gd}]$ 来记录此位置。

在找到这两个最优值时，粒子根据以下公式来更新自己的速度和新位置：

$$v_{ij}(k+1) = wv_{ij}(k) + c_1 r_1 [p_{ij}(k) - x_{ij}(k)] + c_2 r_2 [p_{gj} - x_{ij}(k)]$$
$$x_{ij}(k+1) = x_{ij}(k) + v_{ij}(k+1) \qquad (4.13)$$
$$1 \leqslant i \leqslant n, \ 1 \leqslant j \leqslant d$$

式（4.13）中，i 为粒子的标号；k 为迭代的步数；c_1、c_2 为正的常数，称为加速因子，$c_1 = c_2 = 2$；r_2、r_2 为 $[0, 1]$ 之间的随机数；w 称为惯性因子。

其中 w 值随着最优适应值变化率 K 来改变，二者的表达式为

$$K = \frac{|f(t) - f(t-5)|}{|f(t)|} \qquad (4.14)$$

$$w = \begin{cases} 0.6 + r/2, & K \geqslant 0.05 \\ 0.2 + r/2, & K < 0.05 \end{cases} \qquad (4.15)$$

式（4.15）中，r 为均匀分布于 $[0, 1]$ 之间的随机数；$f(t)$ 为种群迭代的最优适应值；$f(t-5)$ 是种群第 $(t-5)$ 代的最优适应值；K 表示种群在最近 5 代内最优适应值的相对变化率。

第 d 维的位置变化范围和速度变化范围分别为 $[-x_{j,max}, \ x_{j,max}]$ 和 $[-v_{j,max}, \ v_{j,max}]$，迭代中若某一维的 x_{ij} 或 v_{ij} 超过边界则取边界值。

当粒子群进化到一定的步数，$P_{(gbest)}$ 在较长时间内未发生变化时，所有粒子都会向这个具有最优位置的粒子靠拢，若该最优粒子并非全局最优解，则粒子群算法会陷入局部极值点。因此当种群进化到一定的程度，执行变异可以提高

种群的多样性，而"变异"后的粒子会进入全局其他区域进行搜索，如此循环，在以后的进化过程就有可能发现新的最优解。

为了表示群内所有粒子到历史最佳位置 $P_{(gbest)}$ 的最大空间距离，定义粒子群半径为 R：

$$R = \max_{i=1,2,\cdots,n} \left(\sqrt{\sum_{d=1}^{D} (p_{gd} - x_{id})^2} \right) \quad (4.16)$$

当 R 小于极限值，或者全局最优解 $P_{(gbest)}$ 在较长时间，如 15 步，无明显变化时，则对种群中粒子按照一定的概率 p_m 执行变异操作。具体的操作方法为：首先对最优粒子外的 $n-1$ 个粒子进行适应值排序，然后产生 $n-1$ 个随机分布于 [0, 1] 之间的随机数 r_i （$i = 1, 2, \cdots, n-1$），如果 $r_i < p_m$ （$p_m < 0.3$），则按照式（4.15）对粒子产生新的位置，否则保留粒子当前位置。编译后新的位置为：

$$\tilde{x}_{id} = x_{id} \ (1 + 0.5\eta) \quad (4.17)$$

式（4.17）中，η 为服从柯西分布函数的随机变量；x_{id} 为 d 维的数值；$\tilde{x}_{id}$ 为编译后 x_{id} 的新值。

搜索在全局最优解 $P_{(gbest)}$ 的邻域可能的最优解的公式为：

$$\Delta P = m\Delta P_n + \ (1 - m) \ gP_n \quad (4.18)$$

$$P_{n+1} = P_n + \Delta P_{n+1} \quad (4.19)$$

式（4.19）中，n 为粒子 $P_{(gbest)}$ 在第 n 代的向量值；$m = 0.5$；g 为 [0, 0.1] 之间的随机数。

粒子 $P_{(gbest)}$ 从第 n 代进化到 $n+1$ 代后，若此时的 P_{n+1} 适应度值比上一代更好，则用 P_{n+1} 代替 P_n，否则，P_n 的值保持不变，如此循环直至达到进化上限步数为止。

AMPSO 算法实现的流程如下所示：

Begin

（1）随机初始化种群中各粒子的速度、位置以及各种参数；

（2）根据适应度函数计算各粒子的适应度值；

（3）存储各粒子的位置和适应度值于个体极值中，将所有个体极值中适应度值中适应值最优的个体的位置和适应度值存储于全局极值中；

While（终止条件不满足） do

（4）按公式（4.13）更新各粒子的速度和位置；

（5）根据公式（4.16）的 R 和 $P_{(gbest)}$，决定是否变异，需要变异则根据公式（4.19）进行变异；

（6）判断是否达到最大迭代次数，没有达到最大次数则返回步骤2），根据适应度函数重新计算各粒子的适应度值；

（7）获取更新粒子的个体极值 $P_{(ibest)}$ 和全局极值 $P_{(gbest)}$，根据公式（4.18）和（4.19）进行进化；

（8）判断 P_{n+1} 和 P_n 谁最优，如果 P_{n+1} 最优，则用 P_{n+1} 代替 P_n，否则 P_n 保持不变；

（9）判断是否达到最大迭代次数，没有达到则返回步骤7）获取更新粒子的个体极值 $P_{(ibest)}$ 和全局极值 $P_{(gbest)}$；

End While

记录全局极值等数据。

End

2. 基于 AMPSO 的神经网络算法

对于神经网络来说，主要的工作是动态调整网络的权重，使得输出的均方误差能量最小。对于 AMPSO 算法来说，主要的工作过程是不断更新粒子的速度和位置，更新的依据是适应度函数的计算结果（粒子的适应度值）。因此，可以利用神经网络的权重和阈值来构成粒子的位置矢量，利用均方误差能量函数作为粒子群的适应度函数，即粒子群中第 k 个粒子的维数为：

$$X_k = [w_{ij}, v_{jt}, \theta_j, \gamma_t] \qquad (4.20)$$

其中，$i = 1, 2, \cdots, I, j = 1, 2, \cdots, J, t = 1, 2, \cdots, T$；$I$、$J$ 和 T 分别为输入层、隐含层和输出层节点数；w_{ij} 和 v_{jt} 为输入层、中间层和隐含层之间的连接权值；θ_j、γ_t 为隐含层和输出层的阈值。

以各层之间的连接权值和阈值确定的网络输出与期望值的方差作为种群的适应度函数，即：

$$J(t) = \frac{1}{N} \sum_{j=1}^{N} [y_j(t) - \hat{y}_j(t)] \qquad (4.21)$$

其中，N 为训练样本数；$\hat{y}_j(t)$ 为第 t 次迭代第 j 个训练样本输入的网络实际输出；$y_j(t)$ 为期望输出值。

AMPSO 训练神经网络的步骤如下：

Begin

（1）根据问题确定神经网络结构；

（2）根据式（4.20）确定粒子的维数；

（3）根据式（4.21）确定粒子群的适应度函数；

（4）随机初始化粒子群；

（5）用AMPSO算法训练神经网络，直到满足停止准则；

（6）输出最好的粒子。

End

4.3.2　影响光伏自跟踪发电仪器发电量的因素分析

对光伏自跟踪发电仪器系统的发电量进行准确预测，必须实测光伏自跟踪发电仪器系统所在区域主要气象参数和光伏自跟踪发电设备的电气参数，如图4.14所示。

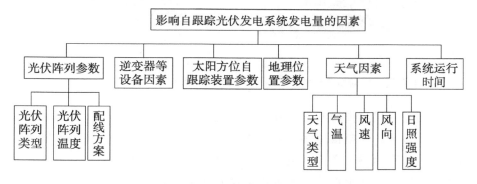

图4.14　影响光伏自跟踪发电仪器发电量的各种因素

光伏自跟踪发电仪器的太阳能电池板的类型不同，转换效率也不同，直接影响系统的发电量。一般来讲，单晶硅电池转换效率高，但成本高；而多晶硅电池转换效率虽略低于单晶硅电池，但性价比高；聚光电池转换效率较高，但是制造成本仍较高，受聚光温度及环境因素影响大。

对于制作好的单块硅太阳电池组件，光伏电池的开路电压、填充因子、输出功率随组件温度的升高，都有所下降；短路电流随组件温度的升高，短路电流略有增加。

光伏自跟踪发电仪器的太阳能电池板的温度、大气温度等也直接影响太阳能电池的发电量。尽管光伏自跟踪系统的不同类型的太阳能电池板的温度特性存在差异，但都具有随着温度的上升，转换效率降低，输出功率下降的特性。

　　光伏自跟踪发电仪器具有不同的内部配线的同样面积的两块太阳能电池板，在其他外界条件相同情况下，即使两块太阳能电池板上有同样形状、同样面积的阴影，也会造成发电量上的差异。当电池组按照横向串联配线，如图 4.15 所示，在阴影下只有一个串联回路受影响，其他串联回路的电池组发电量基本不受影响。而当电池组按照竖向串联配线时，如图 4.16 所示，每个串联回路输出电压都会受到阴影遮挡而降低，电流也都随之发生变化，导致整体的发电功率输出较前者少。

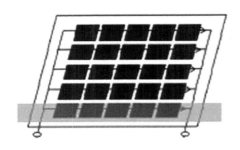

图 4.15　横向串联配线　　　　　图 4.16　竖向串联配线

　　光伏自跟踪发电仪器的光伏阵列接收到的日照量的大小直接影响系统发电量，日照量越大，发电量越多。日照强度与季节、时间、光伏自跟踪发电仪器所处地理位置有直接的关系。夏季日照时间较长，发电量较多；冬季日照时间短，发电量少。一天中通常正午太阳高度角较大，到达的日照量较大，发电量也会较多。纬度越低的地区，太阳入射角越大，日照强度越大，发电量也会越大。

　　太阳方位自跟踪发电装置的跟踪太阳方位的精确度（影响太阳能电池板方位角、倾斜角）和自跟踪系统设置场所的选取也是一个重要因素。

　　天气和周边环境的因素也不可忽略。阴雨天和雪天，日照量少，发电量会受到抑制。光伏自跟踪发电仪器的太阳能电池板周边建筑物、树木的阴影也会对发电量产生影响。阴影的面积、形状、浓度不同，影响程度也不同。

　　此外，太阳能电池板上的异物等都会对实际发电量造成影响。

4.3.3　面向光伏发电仪器的发电量预测方法的应用

面向光伏发电仪器的发电量预测柔性集成，对同一个光伏自跟踪发电仪器的短期发电量进行预测。考虑将前一日发电量、天气情况、气温、风速和预测日的天气情况、气温和风速作为预测模型的输入变量。在北京地区光伏自跟踪发电系统的工作时间平均在 11（h/d）左右，从早晨 7 点开始采集，以后每过一小时再记一次，直到晚上 18 点，总共采集 11 个小时的发电量。因此构成的 BP 神经网络图，如图 4.17 所示。

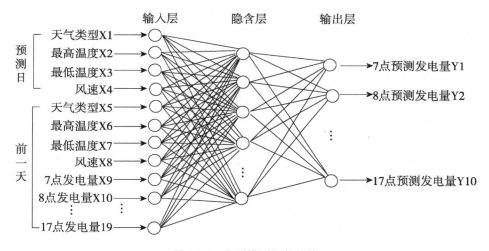

图 4.17　预测模型拓扑结构

1. 输入层节点

输入层节点对应于模型的输入变量，本模型采用 19 个输入变量。由于处于夜间的 13 个时间点光伏阵列的发电量为 0，故选取白天的 11 个发电时间序列作为预测模型的 11 个输入量，前一天的天气类型、最高气温、最低气温、风速和预测日的天气类型、最高气温、最低气温、风速作为预测模型的 8 个输入量，即：

X1—X4 为预测日的天气类型、最高气温、最低气温、风速；

X5—X8 为前一天的天气类型、最高气温、最低气温、风速；

X9—X19 为前一天 11 小时的发电量，这里既可以是累积发电量，也可以是小时发电量。

2. 输出层节点

发电量模型预测的是未来一天白天 11 个时间点的发电量，因此输出端采用 11 个输出节点，即 Y1—Y11 为预测日的 11 小时的发电量。

3. 隐层及隐节点数的确定

输入层节点为 19 点，输出层节点为 11 点，隐层节点数设定为 27 点。

预测模型的样本数据为某光伏充气膜网球馆自跟踪发电远程测控系统数据库中的历史发电数据和气象数据，数据包括每日的 11 个发电量数据以及天气类型指数、最高气温、最低气温和风速。

将 AMPSO 神经网络应用于光伏自跟踪发电仪器的发电量预测问题时，训练网络的原始数据中，不同的变量通常以不同的单位变化，数量级的差异也比较大，光伏自跟踪发电仪器发电量的数值变化范围在 0—100 之间，而气温通常的数值变化范围则在 –15—50℃ 之间。由神经元激活函数的特性可以知道，神经元的输出通常被限制在一定的范围内，大多数人工神经网络的应用中使用的非线性激活函数为 S 函数，其输出被限定在（0，1）或（–1，1）之间，直接以原始数据对网络进行训练会引起神经元饱和，因此在对网络进行训练之前必须对数据进行预处理，以消除原始数据形式不同所带来的不利，通常的做法是归一化处理。然后采用 AMPSO 算法对神经网络进行训练与测试。

为了验证提出的加入了天气预报信息的基于 AMPSO 的神经网络的光伏自跟踪发电仪器的光伏发电量预测方法，利用 Matlab 实现基于 AMPSO 的神经网络的学习算法和迭代过程，利用某光伏充气膜网球馆自跟踪发电的远程测控系统数据库中的历史发电数据和气象数据进行建模预测，样本数据是冬季 11—12 月份的发电量数据，前 70% 的左右的样本点用来训练，后 30% 左右的样本点用来进行该方法的验证。

为了将基于 AMPSO 的神经网络的自跟踪光伏发电量预测方法与基于神经网络的自跟踪光伏发电量预测方法进行比较，在相同的外部条件下，使用相同的数据，在预测模型中使用传统的梯度下降法与 AMPSO 算法进行训练与测试。两种方法的预测结果分别如表4.2与图4.18所示。

从图4.18中可以看出，面向光伏发电仪器的发电量预测柔性集成方法能够"跟踪"实际发电量曲线，二者有更好的拟合关系。该柔性集成预测算法明显优于传统 BP 方法，预测曲线波动范围明显要小，在进行柔性集成开发光伏发电仪器系统过程中，采用 AMPSO 算法进行发电量的预测可以得到比传统 BP 算法更精确的预测值。

（1）基于 AMPSO 的神经网络发电量预测模型考虑的因素较多，所需样本数据相对多元线性回归模型较少，模型只需要一组输入输出样本，无需输入输出变量具有确定的关系，因而大大简化了建模的过程。

表 4.2　实测发电量和预测发电量对比

当地时间 （小时）	基于 BP 神经网络的 预测发电量 （kwh）	基于 AMPSO 神经网络的 预测发电量 （kwh）	实际发电量 （kwh）	基于 BP 神经网络的 预测误差 （kwh）	基于 AMPSO 神经网络的的 预测误差 （kwh）
7：20—8：20	2.66	2.55	2.45	0.21	0.1
8：20—9：20	5.655	5.52	4.95	0.705	0.57
9：20—10：20	7.615	7.2	6.65	0.965	0.55
10：20—11：20	8.565	8.1	8.2	0.365	−0.1
11：20—12：20	8.7	8.6	8.55	0.175	0.05
12：20—13：20	8.56	8.52	8.5	0.06	0.02
13：20—14：20	7.71	7.2	7.3	0.41	−0.1
14：20—15：20	5.1	5.98	6.1	−1	−0.12
15：20—16：20	4.9	5.85	6	−1.1	−0.15
16：20—17：20	2.6	1.9	2	0.6	−0.1
17：20—16：20	1.36	1.34	1.32	0.04	0.02

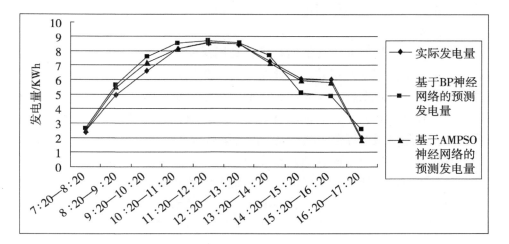

图 4.18　实测发电量和预测发电量对比

（2）另外针对光伏自跟踪发电仪器的光伏发电的不确定性对配电系统的影响，可对不同的天气、季节下的样本数据进行划分，考虑自跟踪光伏发电系统和气象部门天气预报的相关性，建立不同的训练样本，在不同的天气、季节对光伏系统发电量做出预测。

（3）在一些随机非线性的问题上，实践证明基于 AMPSO 的神经网络处理有较好的优势，用该模型预测自跟踪光伏发电系统的发电量，误差最小，能有力的提高自跟踪光伏发电系统的光伏发电的稳定性和供电可靠性。该模型还可随时更换训练样本数据，不断注入新的测试数据，以提高精度。

（4）预测模型有较高的精度，能够解决光伏自跟踪发电仪器的发电的随机化问题，提高了系统的稳定运行能力，是一种有效可行的发电量预测方法。

4.4　仪器测量误差信号分析的柔性集成

4.4.1　仪器测量误差信号分析柔性集成的提出

仪器都有精度要求，仪器的精度问题贯串于仪器柔性集成系统开发仪器产品的设计、研发、测试等全过程。仪器精度的高低是用测量误差来衡量的，而仪器的各个环节都存在误差。误差按其表现特征可以分为系统误差、随机误差和粗大误差；就其产生的原因可以分为仪器误差、人的误差、环境误差以及测量方法的误差。

精度指的是测量值偏离真值的程度，是用误差来衡量的。而误差按其性质可以分为系统误差和随机误差。因此精度可以相应定义为正确度、精密度和准确度。正确度：反映系统误差大小，表征测量结果稳定地接近真值的程度；精密度：反映随机误差大小，表征测量结果一致性或误差的分散性；准确度：反映系统误差和随机误差综合影响，表征测量结果与真值之间的程度。

针对仪器所产生的不同误差及精度要求，仪器柔性集成系统柔性集成了不同的信号处理方法，从而以最优的误差处理方法解决实际开发仪器产品的测量精度要求（如，同样是测色仪器，高精度、高分辨率的色差仪器可用于汽车车身油漆的配色，而对色差要求不高的则可用于头发的染发配色）。

4.4.2　柔性集成克服仪器随机误差的滤波方法

测量精度和可靠性是仪器的重要指标，引入数据处理算法后，使许多原来靠硬件电路难以实现的信号处理问题得以解决，从而克服和弥补了包括传感器在内的各个测量环节中硬件本身的缺陷和弱点，提高了仪器柔性研发的综合性能。仪器柔性集成系统集成的误差分析模块主要包括：克服随机误差的数字滤波算法、消除系统误差算法、工程量标度变换法等。

1. 克服脉冲干扰的数字滤波法

通过数字滤波算法，克服由仪器外部环境偶然因素引起的突变性扰动或仪器内部不稳定引起误码等造成的尖脉冲干扰，是研发仪器数据处理的第一步。采用非线性滤波法。

（1）限幅滤波法

限幅滤波法通过程序判断被测信号的变化幅度，从而消除缓变信号中的尖脉冲干扰。具体方法是，依赖已有的时域采样结果，将本次采样值与上次采样值进行比较，若它们的差值超出运行范围，则认为本次采样值受到了干扰，予以剔除。

设 $\bar{y}_{n-1}$，$\bar{y}_{n-2}$，…为已滤波的采样结果，若本次采样值为 y_n，则本次滤波的结果 $\bar{y}_n$ 由下式确定：

$$\Delta y_n = \left| y_n - \bar{y}_{n-1} \right| \begin{cases} \leqslant a, & \bar{y}_{n-1} = y_n \\ > a, & \bar{y}_n = \bar{y}_{n-1} \text{ 或 } \bar{y}_n = 2\bar{y}_{n-1} - \bar{y}_{n-2} \end{cases} \tag{4.22}$$

式（4.22）中，a 是相邻两个采样值的最大允许增量，其数值可根据 y 的最大变化速率 V_{max} 及采用周期 T 确定，即：

$$a = V_{max} T \tag{4.23}$$

集成本算法的关键是设定被测参量相邻两次采样值的最大允许误差 a。要求准确估计 V_{max} 和采样周期 T。

（2）中值滤波法

中值滤波是一种典型的非线性滤波器，对某一被测参数连续采样 n 次（一般 n 为奇数），然后将这些采样值进行排序，选取中间值为本次采样值。对温度，液位等缓慢变化的仪器被测参数，采用中值滤波法能够实现良好的滤波效果。

设滤波器窗口的宽度为 $n = 2k + 1$ 或 $n = 2k$，离散时间信号 $x(i)$ 的长度为

N，$(i=1,2,\cdots,N;N\gg n)$，则当窗口在信号序列上滑动时，一维中值滤波器的输出 $med[x(i)]$ 为：

$$med[x(i)]=\begin{cases} x^{(k+1)} & n=2k+1 \\ \dfrac{1}{2}[x^k+x^{(k+1)}] & n=2k \end{cases} \tag{4.24}$$

式（4.24）中，$x^{(k)}$ 表示窗口内 $2k+1$（或 $2k$）个观测值的 k 次序排序的第 k 个值，即排序后的中间值。

如图 4.19 所示，是中值滤波器对不同宽度脉冲的滤波效果。取窗口宽度为 5，即 $k=2$。可以看出，如果信号中脉冲宽度大于或等于 $k+1$，滤波后该脉冲将得到保留；如果信号脉冲宽度小于 $k+1$，滤波后该脉冲将被剔除。

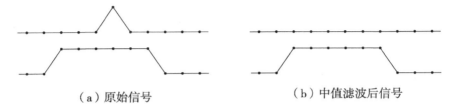

（a）原始信号　　　　　　　　　（b）中值滤波后信号

图 4.19　滤波后的效果图

（3）基于拉依达准则的奇异数据滤波法

拉依达准则法的应用场合与限幅滤波法类似，能够更准确地剔除严重失真的奇异数据。该方法的实施步骤如下：

①求 N 次测量值 X_1—X_N 的算术平均值 $\overline{X}$：

$$\overline{X}=\frac{1}{N}\sum_{i=1}^{N}X_i \tag{4.25}$$

②求各项的剩余误差 V_i：

$$V_i=X_i-\overline{X} \tag{4.26}$$

③计算标准偏差 σ：

$$\sigma=\sqrt{\left(\sum_{i=1}^{N}V_i^2\right)/(N-1)} \tag{4.27}$$

④判断并剔除奇异项，按拉依达准则判断奇异项：当测量次数 N 足够多且测量服从正态分布时，在各次测量值中，若某次测量值 X_i 所对应的剩余误差 $V_i>3\sigma$，则认为该 X_i 为坏值，予以剔除。对剩余的 $N-1$ 个测量值再用上述同

样方法进行计算和判断，直到无坏值为止。此时，测量的算术平均值，各项的剩余误差 $\overline{X}'$ 及标准偏差估计值 σ' 分别为：

$$\overline{X}' = \frac{1}{N-a}\sum_{i=1}^{N-a}X_i \tag{4.28}$$

$$V'_i = X_i - \overline{X}' \tag{4.29}$$

$$\sigma' = \sqrt{(\sum_{i=1}^{N-a}V_i^2)\,/\,(N-a-1)} \tag{4.30}$$

式（4.28—4.30）中，a 为坏值个数。

（4）基于中值数绝对偏差的决策滤波法

中值滤波器是用于净化奇异数据的非线性滤波器，它对奇异数据的敏感度远低于标准偏差。中值滤波器存在"根信号"用于单调性数据的滤波，而非单调信号采用中值滤波净化数据表现过于主动进取。在中值滤波器的启发下，剔除一种基于中值绝对偏差估计的决策滤波器。这种决策滤波器能够判别出奇异数据，并以有效性的数值来取代。采用一个移动窗口 $x_0(k)$，$x_1(k)$，$x_1(k)$，$x_{m-1}(k)$，利用 m 个数据来确定 $x_m(k)$ 的有效性。如果滤波器判定该数据有效，则输出 $y_m(k) = x_m(k)$，否则，如果判定该数据为奇异数据，用中值来取代。

1）确定当前数据 $x_m(k)$ 有效性的判别准则。一个序列的中值对奇异数据的灵敏度远小于序列的平均值，用中值构造一个尺度序列，设 $\{x_i(k)\}$ 中值为 z，尺度序列 $d(k)$，则：

$$\{d(k)\} = \{|x_0(k) - z|,\ |x_1(k) - z|,\ \cdots,\ |x_{m-1}(k) - z|\} \tag{4.31}$$

式（4.31）给出了每个数据点偏离参照值的尺度。

令 $\{d(k)\}$ 的中值为 d，著名的统计学家 F. R. Hampel 提出并证明了中值数绝对偏差 $MAD = 1.4826 \times d$，MAD 可以替代标准偏差 σ。对 3σ 法则的这一修正有时称为"Hampel 标识符"。与 3σ 法则类似，$L \times MAD$ 中的 L 值称为门限参数，其大小决定了检测和舍弃数据的进取程度。

2）实现基于 $L \times MAD$ 准则的滤波算法。建立数据窗口：$\{w_0(k)$，$w_1(k)$，$w_2(k)$，$\cdots$，$w_{m-1}(k)\} = \{x_0(k)$，$x_1(k)$，$x_2(k)$，$\cdots$，$x_{m-1}(k)\}$，从而计算出窗口序列的中值 z。

计算尺度序列 $d_i(k) = |w_i(k) - z|$ 的中值 d：令 $Q = 1.4826 \times d = MAD$，计算 $q = |x_m(k) - z|$，如果 $q < LQ$，则：$y_m(k) = x_m(k)$，否则：$y_m(k) = z$。

可以用窗口宽度 m 和门限 L 这两个参数调整滤波器的特性。m 影响滤波总体的一致性，m 值至少为7。门限参数 L 直接决定滤波器主动进取程度，若增大 L 值，则将 $x_m(k)$ 判定为奇异数据并用中值取代的可能性就会减少。当 $L=0$ 时，滤波器为确定值，则 $x_m(k)$ 满足不了选择判据 $q < LQ$，对所有 m 值而言，$y_m(k) = z$ 就还原成了中值滤波器。此种非线性滤波器具有比例不变性、因果性、算法快捷性等特点，能够实时地完成数据净化。

2. 抑制小幅度高频噪声的平均滤波法

为抑制电子器件热噪声、A/D 量化噪声等小幅度高频电子噪声，引入具有低通特性的算术平均滤波法、加权平均滤波法、滑动加权平均滤波法等线性滤波器。

（1）算术平均滤波

算法平均滤波就是把 N 个连续采样值（分别为 X_1—X_N）相加，然后取其算术平均值 $\overline{X}$ 作为本次测量的滤波值，即：$\overline{X} = \frac{1}{N} \sum_{i=1}^{N} X_i$。设：

$$X_i = s_i + n_i \tag{4.32}$$

式（4.32）中：

s_i——采样值中的信号；

n_i——随机误差。

则：

$$\overline{X} = \frac{1}{N} \sum_{i=1}^{N} (s_i + n_i) = \frac{1}{N} \sum_{i=1}^{N} s_i + \frac{1}{N} \sum_{i=1}^{N} n_i \tag{4.33}$$

按统计规律，随机噪声的统计平均值为零，故有：

$$\overline{X} = \frac{1}{N} \sum_{i=1}^{N} s_i \tag{4.34}$$

显然，采用算术平均滤波法可有效消除随机干扰，滤波效果主要取决于采样次数 N，N 越大，滤波效果越好，但系统灵敏度会下降。采用此方法能够适合于变化频率较慢的信号。

（2）滑动平均滤波法

上面的算术平均滤波法，每计算一次数据，需测量 N 次。对于采样速度较快或要求数据更新率较高的实时系统，该方法无法效果不佳。这样可以采用下面这种只需进行一次新采样，就能得到当前算术平均滤波值的方法——滑动平均滤波法。

滑动平均滤波法把 N 个测量数据看成一个队列，队列的长度固定为 N，每进行一次新的采样，把测量结果放入队尾，而去掉原来队首的一个数据，这样在队列中始终有 N 个"最新"的数据。计算滤波时，只要把队列中的数据进行算术平均，就可得到新的滤波值。这样每进行一次测量，就可算得新的滤波值。这种滤波算法称为滑动平均滤波法，其数学表达式为：

$$\overline{X}_n = \frac{1}{N}\sum_{i=0}^{N}X_{n-i} \tag{4.35}$$

式（4.35）中：

$\overline{X}_n$——第 n 次采样经滤波后的输出；

X_{n-i}——未经滤波的第 $n-i$ 次采样值；

N——滑动平均项数。

滑动平均滤波算法与算术平均法相似，对周期性干扰有良好的抑制作用，平滑度高，灵敏度低；但对偶然出现的脉冲性干扰的抑制作用差。实际应用时，通过观察不同 N 值下滑动平均的输出响应来选取 N 值以便少占用计算机时间，还能达到更好的滤波效果。

（3）加权滑动平均滤波

在算术平均滤波和滑动平均滤波算法中，N 次采样在输出结果中的比重是均等的，即 $1/N$。用这样的滤波算法，对于时变信号会引入滞后，N 越大，滞后越严重。为了增加新的采样数据在滑动平均中的比重，以提高系统对当前采样值的灵敏度，可以采用加权滑动平均滤波算法。它是前面介绍的滑动平均法的一种改进，即对不同时刻的数据加以不同的权值。通常越接近现时刻的数据，权值取越大。

加权滑动平均滤波算法为：

$$\overline{X}_n = \frac{1}{N}\sum_{i=0}^{N-1}C_iX_{n-i} \tag{4.36}$$

式（4.36）中：

N——滑动平均项数；

$\overline{X}_n$——第 n 次采样值经滤波后的输出；

X_{n-i}——未经滤波的第 $n-i$ 次采样值；

C_i——权值常数，且满足式（4.37）和式（4.38）：

$$C_0 + C_1 + \cdots + C_{N-1} = 1 \tag{4.37}$$

$$C_0 > C_1 > \cdots > C_{N-1} > 0 \tag{4.38}$$

FIR 滤波权值系数 C_0，C_1，$\cdots$，C_{N-1} 通过采用 MATLAB 设计。

3. 复合滤波的柔性集成

在仪器柔性集成系统实际集成开发仪器产品时，可利用柔性机制与系统集成技术，综合考虑多种误差处理方法，既消除了大幅度的脉冲干扰，又实现了数据平滑。柔性体系结构中的软件支撑环境提供控制站算法软件平台，将两种以上的方法结合起来通过功能接口实现综合利用，形成复合滤波。在实际滤波过程中，柔性化、层次化采用不同滤波方法，实现最优化滤波及平滑处理。

4.4.3 柔性集成克服仪器随机误差的应用

在实验研究开发光栅单色仪系统对光谱曲线信号分析时，采用了去极值平均滤波算法。先用中值滤波算法滤除采样值中的脉冲性干扰，然后把剩余的各采样值进行平均。信号处理结果表明，这种方法既能抑制随机干扰，又能滤除明显的脉冲干扰。

在实验研究开发热分析仪器系统对测量曲线信号进行分析时，采用了分级逐步加深滤波的步骤，根据实际测量情况，通过动态调整加权滑动平均滤波法的权值分布和克服脉冲干扰数字的滤波方法，实现曲线的最优化降噪及平滑处理。

4.4.4 柔性集成非线性误差的校正方法

面向典型光机电一体化仪器，柔性集成系统集成的传感器绝大部分为非线性，即传感器的输出电信号与被测物理量之间的关系呈非线性。造成非线性的原因主要有两个方面：一是许多传感器的转换原理是非线性的（例如，在温度测量中，热电阻及热电偶与温度的关系就是非线性的）；二是仪器采用的测量电路是非线性的（例如，测量热电阻所用的四臂电桥，当电阻的变化使电桥失去平衡时，输出电压与电阻之间的关系为非线性）。

针对传感器信号非线性问题，仪器柔性集成系统柔性集成了各种非线性校正算法（校正函数法、线性插值法、曲线拟合法等）的软件资源，用于处理不同仪器数据采集系统所输出的与被测量呈非线性关系精度校正。如图 4.20 所示。

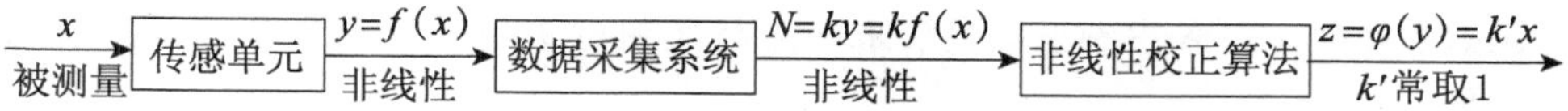

$$\underset{\text{被测量}}{x} \longrightarrow \boxed{\text{传感单元}} \underset{\text{非线性}}{\overset{y=f(x)}{\longrightarrow}} \boxed{\text{数据采集系统}} \underset{\text{非线性}}{\overset{N=ky=kf(x)}{\longrightarrow}} \boxed{\text{非线性校正算法}} \underset{k'\text{常取}1}{\overset{z=\varphi(y)=k'x}{\longrightarrow}}$$

图 4.20　仪器信号采集的非线性校正

所采用的各种非线性校正算法均由仪器柔性集成系统的软件处理系统来完成。通过建立完成模型来处理校正系统误差。而误差校正模型的建立包括了由离散数据建立模型和由复杂模型建立简化模型这两层含义。具体柔性集成误差校正模型的建立方法如下：

1. 校正函数法

如果确切知道传感器非线性特性的解析式 $y=f(x)$，则就可以利用基于此解析式的校正函数来进行非线性校正。由图 4.4 可知：

$$y=f(x) \tag{4.39}$$

$$N=ky \tag{4.40}$$

$$z=x \tag{4.41}$$

设 $y=f(x)$ 的反函数为 $x=F(y)$，则由（4.41）可得：

$$z=x=F(y) \tag{4.42}$$

由式（4.40），$y=N/k$，则：

$$z=x=F(N/k)=\phi(N) \tag{4.43}$$

式（4.43）对应于 $y=f(x)$ 的校正函数，其自变量是 A/D 转换器的输出信号 N，因变量 $z=x$，即为根据数字量提取出来的被测物理量。显然采用校正函数法的关键是能够求出对应于解析式 $y=f(x)$ 的反函数 $x=F(y)$，即以传感器输出 y 为自变量，被测量 x 为因变量的函数表达式。

以实验研究开发的测温热敏电阻模块的校正来说明校正函数法的使用过程。

测温热敏电阻的阻值与温度之间的关系为：

$$R_T=\alpha R_{25℃}e^{\beta/T}=f(T) \tag{4.44}$$

式（4.44）中：

R_T——热敏电阻在温度为 T 的阻值；

$R_{25℃}$——热敏电阻在温度为室温（25℃）时的阻值；

T——绝对温度，单位是 K；当温度在 0—50℃ 之间，$\alpha \approx 1.44 \times 10^{-6}$，$\beta \approx 4016K$。

显然，式（4.44）是一个以被测量 T 为自变量，敏感量 R_T 为因变量的非线性函数表达式。可采用校正函数法来求出与被测量 T 呈线性关系的校正函数 z，具体如下。

首先求式（4.44）的反函数。可得：

$$\ln R_T = \ln\ (\alpha R_{25℃})\ + \beta / T$$

$$\beta / T = \ln R_T - \ln\ (\alpha R_{25℃})\ = \ln[\ R_T / (\alpha R_{25℃})\ ] \qquad (4.45)$$

$$T = \beta / \ln[\ R_T / (\alpha R_{25℃})\ ] = F\ (R_T)$$

此即为 $R_T = f\ (T)$ 的反函数。

接着求相应的校正函数。由式（4.40）得 $N = kR_T$，即 $R_T = N/k$，则：

$F\ (R_T)\ = F\ (N/k)\ = \beta / \ln[\ N/\ (k\alpha R_{25℃})\ ] = T$，可得校正函数为：

$$z = T = F\ (N/k)\ = \beta / \ln[\ N/k\alpha R_{25℃}\ )\ ] \qquad (4.46)$$

因此，仪器中的微处理器只要把 A/D 转换的结果 N，通过式（4.46）（即校正函数）进行计算就可转换为 z，即被测量 T。

综上所述，以传递器输出 y 为自变量，被测物理量 x 为因变量的函数表达式 $x = F(y)$ 是构成校正函数 $z = \phi\ (N)$ 的关键。但是，在实际应用中，许多传感器的解析式 $y = f(x)$ 是难以直接找到的［这样就不可能由此求出相应的反函数 $x = F(y)$］；也不是所有的解析式 $y = f(x)$ 都能方便地变换成 $x = F(y)$，而且有的校正函数，其式（4.46）也较为复杂，此时可采用代数插值法或曲线拟合法来寻找 $x = F(y)$ 的近似表达式，从而实现非线性校正。

2. 代数插值法

设有 $n + 1$ 组离散点：$(x_0,\ y_0)$，$(x_1,\ y_1)$，…，$(x_n,\ y_n)$，$x \in [a,\ b]$ 和未知函数 $f\ (x)$，并有 $f\ (x_0)\ = y_0$，$f\ (x_1)\ = y_1$，…，$f\ (x_n)\ = y_n$，要找一个函数 $g\ (x)$，在 $x = x_i$，$(i = 0,\ \cdots,\ n)$ 处使 $g\ (x_i)$ 与 $f\ (x_i)$ 相等，此即为插值问题。满足该条件的函数 $g\ (x)$ 称为 $f\ (x)$ 的插值函数，x_i 称为插值节点。若找到了函数 $g\ (x)$，则在区间 $[a,\ b]$ 上均用 $g\ (x)$ 近似代替 $f\ (x)$。在插值中，$g\ (x)$ 有多种选择方法。由于多项式是最容易计算的一类函数，一般常选择 $g\ (x)$ 为 n 次多项式，并记 n 次多项式为 $P_n\ (x)$，这种插值法就叫代数插值，也叫多项式插值。因此，所谓代数插值，就用一个次数不超过 n 的代数多项式：

$$P_n\ (x)\ = a_n x^n + a_{n-1} x^{n-1} + \cdots + a_1 x + a_0 \qquad (4.47)$$

用式（4.47）逼近 $f\ (x)$，使 $P_n\ (x)$ 在节点 x_i 处满足：$P_n\ (x_i)\ = f\ (x_i)\ = y_i$，

$i = 0$，1，$\cdots$，n。对于前述 $n+1$ 组离散点，系数 a_n，$\cdots$，a_1，a_0 应满足的方程组为：

$$\begin{cases} a_n x_0^n + a_{n-1} x_0^{n-1} + \cdots + a_1 x_0^1 + a_0 = y_0 \\ a_n x_1^n + a_{n-1} x_1^{n-1} + \cdots + a_1 x_1^1 + a_0 = y_1 \\ \qquad\qquad\qquad\qquad\qquad\qquad \cdots \\ a_n x_n^n + a_{n-1} x_n^{n-1} + \cdots + a_1 x_n^1 + a_0 = y_n \end{cases} \quad (4.48)$$

式（4.48）是一个含有 $n+1$ 个未知数的线性方程组，当 x_0，x_1，$\cdots$，x_n 互译时，方程组（4.48）有唯一解，即一定存在唯一的 $P_n(x)$ 满足所要求的插值条件。这样，只要用已知的 (x_i, y_i) $(i = 0, 1, \cdots, n)$ 去求解方程组（4.48），即可求的 $a_i (i = 0, 1, \cdots, n)$，从而得到 $P_n(x)$。此即为求出插值多项式的最基本方法。

由于实际应用中，(x_i, y_i) 总为已知，可先求出 a_i，然后按所得的 a_i 计算 $P_n(x)$，对于每一个传感器输出信号的测量数值 x_i 则可近似地实时计算出被测量 $y_i = f(x_i) \approx P_n(x_i)$。

通常，给出的离散点数总多于求解插值方程所需的离散点数，因此，在多项式插值方法求解离散点插值函数时，必须根据所需要的逼近精度来决定多项式次数。如函数关系接近线性的，可从离散点中选取两点，用一次多项式来逼近（即 $n=1$），接近抛物线的可从离散点中选取三点，用二次多项式来逼近（即 $n=2$）。同时多项式次数还与自变量的范围有关。一般地，自变量的允许范围越大（及插值区间越大），达到同样精度时的多项式的次数也较高。对于无法预先决定多项式次数的情况，可采用试探法，即先选取一个较小的值，看看逼近误差是否接近所要求的精度，如果误差太大，则使加 1，再试一次，直到误差接近精度要求为止。在满足精度要求的前提下，不应取得太大，以免增加计算时间。一般最常用的多项式插值是线性插值和抛物线插值。

抛物线插值是在一组数据中选取 (x_0, y_0)，(x_1, y_1)，(x_2, y_2) 三点，相应的插值方程为：

$$P_2(x) = \frac{(x-x_1)(x-x_2)}{(x_0-x_1)(x_0-x_2)} y_0 + \frac{(x-x_0)(x-x_2)}{(x_1-x_0)(x_1-x_2)} y_1$$

$$+ \frac{(x-x_0)(x-x_1)}{(x_2-x_0)(x_2-x_1)} y_2 \quad (4.49)$$

其几何意义如图 4.21 所示：

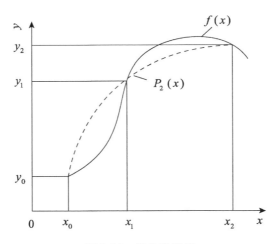

图4.21　抛物线插值

3. 曲线拟合法

当多项式的次数在允许的范围内仍不能满足校正精度要求时，可采用提高校正精度的另一种方法——曲线拟合法。所谓曲线拟合，就是通过实验获得有限对测试数据 (x_i, y_i)，利用这些数据来求取近似函数 $y = f(x)$。式中 x 为传感器输出量，y 为被测物理量。与插值不同的是，曲线拟合并不要求 $y = f(x)$ 的曲线通过所有离散点 (x_i, y_i)，只要求 $y = f(x)$ 反映这些离散点的一般趋势，不出现局部波动。

由曲线拟合理论可知：某些自变量 x 与因变量 y 之间的单值非线性关系可以用自变量 x 的高次多项式来逼近。即：

$$y = a_0 + a_1 x + \cdots + a_m x^m \tag{4.50}$$

阶次 m 及系数 a_0, a_1, $\cdots$, a_m 由 y—x 之间的非线性特征性决定。当所选择的项数足够时（即 m 足够大时），拟合误差可小于给定值。一般采用最小二乘法来实现多项式拟合，其思路如下：对于 n 个实验数据对 (x_i, y_i)（$i = 1, 2, \cdots,$ n），若选用式（4.50）作为描述这些数据的回归方程，可得如下 n 个方程：

$$y_1 - (a_0 + a_1 x_1 + \cdots + a_m x_1^m) = V_1$$

$$y_2 - (a_0 + a_1 x_2 + \cdots + a_m x_2^m) = V_2$$

……

$$y_n - (a_0 + a_1 x_n + \cdots + a_m x_n^m) = V_n$$

简记为：

$$V_i = y_i - \sum_{j=0}^{m} a_j x_i^j, \ i = 1, 2, \cdots, n \qquad (4.51)$$

式（4.51）中，V_i 为在 x_i 处有回归方程（4.50）得到计算值与测量得到的值之间的误差。由于回归方程不一定通过测量点（x_i，y_i），因此 V_i 不一定为零。

根据最小二乘原理，为求取系数 a_j 的最佳估计值，应使误差 V_i 的平方和为最小，即：$\varphi\ (a_0, a_1, \cdots, a_m) = \sum_{i=1}^{n} V_i^2 = \sum_{i=1}^{n}\ [y_i - \sum_{j=0}^{m} a_j x_i^j]^2 \rightarrow \min$，由此可得如下正则方程组：

$$\frac{\partial \varphi}{\partial a_k} = -2 \sum_{i=1}^{n}\ [\ (y_i - \sum_{j=1}^{n} a_j x_i^j)\ x_i^k]^2 = 0 \qquad (4.52)$$

即计算的线性方程组为：

$$\begin{bmatrix} n & \sum x_i & \cdots & \sum x_i^m \\ \sum x_i & \sum x_i^2 & \cdots & \sum x_i^{m+1} \\ \vdots & \vdots & & \vdots \\ \sum x_i^m & \sum x_i^{m+1} & \cdots & \sum x_i^{2m} \end{bmatrix} \cdot \begin{bmatrix} a_0 \\ a_1 \\ \vdots \\ a_m \end{bmatrix} = \begin{bmatrix} \sum y_i \\ \sum x_i y_i \\ \vdots \\ \sum x_i^m y_i \end{bmatrix} \qquad (4.53)$$

式（4.53）中，$\sum$ 为 $\sum_{i=1}^{n}$ 的简化表达。

式（4.53）的解即为 a_j（$j = 0, \cdots, m$）的最佳估计值。一般地，拟合多项式的次数越高，拟合结果的精度也就越高，但计算量相应地也增加。

若取 $m = 1$，则被拟合的曲线为直线方程 $y = a_0 + a_1 x$，对于 n 个实验数据对（x_i，y_i）（$i = 1, 2, \cdots, n$），上式的最小二乘解可由式（4.53）导出，即：

$$\begin{bmatrix} n & \sum x_i \\ \sum x_i & \sum x_i^2 \end{bmatrix}\begin{bmatrix} a_0 \\ a_1 \end{bmatrix} = \begin{bmatrix} \sum y_i \\ \sum x_i y_i \end{bmatrix}，\ \text{由此可得：}$$

$$a_0 = \frac{1}{\Delta}\ (\sum_{i=1}^{n} x_i^2 \sum_{i=1}^{n} y_i - \sum_{i=1}^{n} x_i \sum_{i=1}^{n} x_i y_i) \qquad (4.54)$$

$$a_1 = \frac{1}{\Delta}\ (n \sum_{i=1}^{n} x_i y_i - \sum_{i=1}^{n} x_i \sum_{i=1}^{n} y_i) \qquad (4.55)$$

$$\Delta = n \sum_{i=1}^{n} x_i^2 - (\sum_{i=1}^{n} x_i)^2 \qquad (4.56)$$

分段 n 次曲线拟合：对于有线非线性特征可以用 n 次多项式进行拟合，一般取 $n = 2$，即二次抛物线拟合。有时为了使校正效果最佳，各段也可选择不同的多项式来拟合。

4.4.5　柔性集成仪器非线性误差的应用

以实验研究集成开发的热电偶模块为例，模块采用镍铬——镍铝热电偶。0—490℃的镍铬——镍铝热电偶分度表如表 4.3 所示。允许的校正误差小于 3℃，分析能否集成抛物线插值进行非线性校正。

表 4.3　0—490℃镍铬——镍铝热电偶分度表　（热电动势单位：mV）

温度/℃	0	10	20	30	40	50	60	70	80	90
0	0.00	0.40	0.80	1.20	1.61	2.02	2.44	2.85	3.27	3.68
100	4.10	4.51	4.92	5.33	5.73	6.14	6.54	6.94	7.34	7.74
200	8.14	8.54	8.94	9.34	9.75	10.15	10.56	10.97	11.38	11.80
300	12.21	12.62	13.04	13.46	13.87	14.29	14.71	15.13	15.55	15.97
400	16.40	16.82	17.24	17.67	18.09	18.51	18.94	19.36	19.79	20.21

节点选择 (0, 0)，(10.15, 250) 和 (20.21, 490) 三点。由式 (4.49) 得：

$$P_2(x) = \frac{x(x-20.21)}{10.15(10.15-20.21)} \times 250 + \frac{x(x-10.15)}{20.21(20.21-10.15)} \times 490 =$$

$-0.038x^2 + 25.02x$。可以验证，用此方程进行非线性校正，每点误差均不大于 3℃，最大误差发生在 130℃处，误差值为 2.277℃。

以实验研究集成开发的温热电偶模块为例，表 4.4 为实验研究热分析仪器测温所用的镍铬——考铜热电偶分度表，采用分段直线拟合方法对此进行了非线性校正。

在整个区间内取三点 (0, 0)，(28.01, 360)，(66.36, 800)，分成两段，若每段用线性方程拟合，根据式 (4.54) 至式 (4.56)，可得：

$y = 0.0778x$　　　　　　$0 \leqslant x < 28.01$

$y = 0.0872x - 3.367$　　　$28.01 \leqslant x \leqslant 66.36$

可以验证，如图 4.22 所示，第一段直线最大绝对误差发生在 160℃处，误差值为 12.7℃，第二段直线最大绝对误差发生在 650℃处，误差值为 0.883℃。

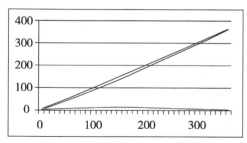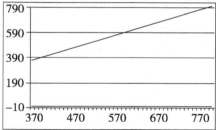

图 4.22　分段直线拟合非线校正

表 4.4　镍铬——考铜热电偶分度表　（热电动势单位：mV）

温度/℃	0	10	20	30	40	50	60	70	80	90
0	0.00	0.65	1.31	1.98	2.66	3.35	4.05	4.76	5.48	6.21
100	6.95	7.69	8.43	9.18	9.93	10.69	11.46	12.24	13.03	13.84
200	14.66	15.48	16.40	17.12	17.95	18.76	19.59	20.42	21.24	22.07
300	22.90	23.74	24.59	25.44	26.30	27.15	28.01	28.88	29.75	30.61
400	31.48	32.34	33.21	34.07	34.94	35.81	36.67	37.54	38.41	39.28
500	40.15	41.02	41.90	42.78	43.67	44.55	45.44	46.33	47.22	48.11
600	49.01	49.89	50.76	51.54	52.51	53.39	54.26	55.12	56.00	56.87
700	57.74	58.57	59.47	60.33	61.20	62.06	62.92	63.78	64.64	65.50
800	66.36									

4.4.6　柔性集成小波变换阈值的信号噪声处理方法

小波分析方法因其是在傅立叶变换基础上发展起来的，具有多分辨率的特点，在去噪方面有明显优势，用于对非平稳信号的去噪，既能有效地去除噪声，又能较好地保留信号的突变部分。

小波是函数空间 L_2（R）中满足下述条件的一个函数或者信号 ϕ（x）：

$$C_\phi = \int_{R^*} \frac{|\Psi(\omega)|^2}{|\omega|} d\omega < \infty \tag{4.57}$$

式（4.57）中 $R^* = R - \{0\}$ 表示非零实数全体。对于任意的实数对（a，b），参数 a 必须为非零实数，称如下形式的函数：$\phi_{(a,b)}(x) = \frac{1}{\sqrt{|a|}} \phi\left(\frac{x-b}{a}\right)$ 为由

小波母函数 $\phi(x)$ 生成的依赖于参数对 (a, b) 的连续小波函数，简称为小波。

小波变换是把小波母函数 $\psi(t)$ 作位移 b、在伸缩尺度 a 下与所要分析的函数 $f(t)$ 作内积，对于函数 $f(t) \in L_2 R$，连续小波变换的公式：

$$W_f(a, b) = <f(t), \psi_{ab}(t)> = |a|^{-1/2} \int_R f(t) \, \overline{\psi} \left(\frac{t-b}{a} \right) dt \qquad (4.58)$$

式 (4.58) 中，函数 $|a|^{-1/2} \psi \left(\frac{t-b}{a} \right)$ 是母小波 $\psi(t)$ 的位移 b 与尺度 a 的伸缩，$\overline{\psi} \left(\frac{t-b}{a} \right)$ 为 $\psi \left(\frac{t-b}{a} \right)$ 的复共轭。a 是尺度函数，在一定意义上 $1/a$ 对应于频率 ω，b 为时间参数，反映时间上的平移。

小波阈值去噪的原理是：对信号进行小波分解，如果噪声能量明显小于信号能量，则与噪声对应的小波系数也明显地小于与信号对应的小波系数，选择一个合适的阈值处理小波系数，把低于阈值的小波系数设为零，高于阈值的小波系数予以保留或收缩。其基本步骤为：

（1）选择合适的小波基和小波分解层数，对含噪信号进行小波变换，得到相应的小波系数 $\omega_{j,k}$；

（2）通过对 $\omega_{j,k}$ 进行阈值处理，得出估计小波系数 $\hat{\omega}_{j,k}$，使得 $\| \hat{\omega}_{j,k} - \omega_{j,k} \|$ 尽可能小；

（3）利用 $\hat{\omega}_{j,k}$ 进行小波重构，得到估计信号，即为去噪之后的信号。

4.4.7 柔性集成小波变换阈值的应用

在柔性集成实验研究热分析仪器系列产品中，将小波变换阈值的信号噪声处理集成应用到对 DTA 信号的噪声处理。如图 4.22 所示，为实验研究柔性集成开发的热分析仪的差热分析（Differential Thermal Analysis，DTA）—水草酸钙（$C_a C_2 O_4 \cdot H_2 O$）信号曲线，横轴表示时间，纵轴表示能量差。为比较小波阈值去噪效果，在图 4.22 上叠加高斯白噪声（右图为叠加了噪声后的含噪信号）。

在虚拟仪器专业开发软件 LabVIEW 中结合其提供的 MATLAB Script 节点，调用 MATLAB 中的 Wavelet Toolbox 中的小波降噪函数 wden，采用小波实现对热分析信号的降噪处理为：XD = wden（X, tptr, sorh, scal, n,' wavename'），其中，XD 为输入的含噪信号 X 除噪后信号；tptr 为阈值的选取规则，tptr = ' heursure' 时采用第一选项的试探偏差原则，tptr = ' rigrsure' 时采用 stein 无偏风险估计原则，tptr = 'sqtwolog' 时阈值为 sqrt ｛2 * log ［length（x）］｝，tptr = 'minimaxi' 时采用极大极小阈值；sorh 为's' 或'h' 表示软、硬阈值；n 表示在 n 层的小波分解；wavename 表示指定的小波名称；scal 定义阈值调整的比例，scal = 'one' 不设比例，scal = 'sln' 使用基于第一层系数噪声估计设计比例，scal = 'mln' 用噪声层的层相关估计调整比例。

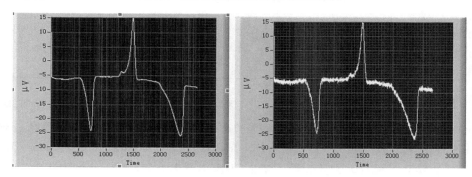

图 4.23　DTA 曲线原始与叠加高斯白噪声后的信号曲线

　　小波变换不同于傅立叶变换，它对信号进行变换时可采用不同的基函数，而且对于特定的信号采用的基函数不同，其分析结果会相差很大。在小波分析应用中要考察小波函数或小波基的连续性、正交性、对称性、消失矩、线性相位、视频窗口的中心和半径以及时频窗的面积等，这些特征关系到如何选择合适的小波基。在实际应用中，一般是根据信号处理目的的不同，即根据任务和信号的性质来选择基小波的类型、尺度及位移。表 4.5 为 MATLAB 工具箱中常见小波主要特征对比，而可用作小波滤波器的小波函数则为正交或双正交小波函数。

表 4.5　MATLAB 工具箱中常见小波的主要特征

小波函数	Haar	Daubechies（db N）	Biorthogonal（biorN_r，N_d）	Coiflets（coif N）	Symlets（sym N）	Morlet（mor l）	Mexican hat（mex h）
正交性	有	有	无	有	有	无	无
双正交性	有	有	有	有	有	无	无
紧支撑性	有	有	有	有	有	无	无
支撑长度	1	$2N-1$	重构：$2N_r+1$ 分解：N_d+1	$6N-1$	$2N-1$	有限长度	有限长度

小波函数	Haar	Daubechies (db N)	Biorthgonal (biorN$_r$, N$_d$)	Coiflets (coif N)	Symlets (sym N)	Morlet (mor 1)	Mexican hat (mex h)
滤波器长度	2	2N	Max (2N$_r$, 2N$_d$) +2	6N	2N	[-4, 4]	[-5, 5]
对称性	对称	近似对称	不对称	近似对称	近似对称	对称	对称
小波函数 消失矩阶数	1	N	N$_r$ -1	2N	N	—	—
尺度函数 消失矩阵数	—		—	2N -1	—	—	—

考虑到 DTA 信号的波形特征，对 DTA 信号采用不同的小波基进行实验，Symlets 小波、Daubechies 小波、Coiflets 小波、Biorthgonal 以及 Haar 小波在各种阈值准则下对 DTA 信号去噪的结果中，Coiflets 小波、Biorthgonal 以及 Haar 小波对信号去噪几乎没有太大的效果，而 Symlets 小波和 Daubechies 小波对于 DTA 信号中的微量放热（大约在时间位置为 1300 秒左右），可明显地看出放热点的位置，而其他小波基则没有这种效果。采用 Daubechies 小波的改进型 Symlets 小波对 DTA 信号进行分析，采用 rigrsure 无偏风险阈值准则去噪效果最优，输出波形基本恢复了原始信号，同时也保持了数据曲线的特征和连续性，如图 4.24 所示。对于类似正弦的比较平滑的 DTA 信号而言，采用 sym8 小波 rigrsure 准则去噪可以达到很好的滤波效果。

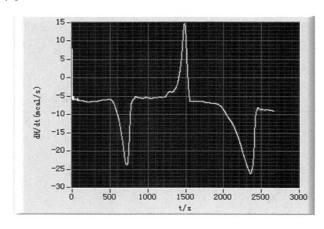

图 4.24   rigrsure 准则滤波效果

4.5　本章小结

针对仪器柔性集成系统特点，研究并提出了面向典型光机电一体化仪器信号处理的柔性集成，研究结论如下：

（1）提出了面向精密温控仪器的多级递阶智能控制方法。利用柔性集成的动态增益修正因子，提高了控制系统的动态特性，加快了控制响应速度；利用柔性集成的预测校正因子，为控制系统提供了未来时刻所需进行的补偿性增量控制，有效改善了系统鲁棒性；利用柔性集成的温度校正因子，补偿了 T 在一定温度时控制对象的静态热量损失，降低了控制系统的温度振荡。

（2）建立了双轴太阳方位跟踪的模型，提出了万向节式双轴太阳跟踪方法，以光感跟踪与时间跟踪方法相结合的双跟踪控制方式，提出了全天候太阳方位自跟踪控制方法，实现了实时跟踪太阳方位，并提高了太阳方位跟踪精度，降低了跟踪装置能耗。

（3）提出了基于 AMPSO 的神经网络算法，解决了传统神经网络预测模型中基于梯度下降的 BP 算法收敛慢、易陷入局部最优、训练难收敛等问题。建立了加入天气预报信息的基于 AMPSO 的神经网络的光伏自跟踪发电仪器的发电量预测模型。

（4）对于仪器柔性集成系统的误差分析与处理，提出了多种数字滤波方法，克服了仪器因脉冲而产生的干扰误差；提出了校正函数法、代数插值法、曲线拟合法等多种校正方法，实现了仪器系统的非线性误差；提出了利用小波变换阈值去噪方法，实现了对曲线的平滑处理。利用仪器柔性集成系统的柔性化集成机制与系统集成技术，将多种误差分析方法进行有机融合，有效地解决了不同特征信号的误差处理并实现了不同特征曲线的平滑滤波处理。

第 5 章　仪器柔性集成系统的多属性综合评价方法及应用

　　仪器柔性集成系统具有良好的集成开发光机电一体化仪器产品能力，具体研发功能的柔性化、集成化程度需要有一个综合的评价指标。仪器柔性集成系统提供了综合评价环节，通过研究综合评价分析的方法，实现了对集成研发过程的多属性综合评价。将评价信息反馈至研发过程的"集成设计"环节，进行二次集成优化，进一步增强了集成系统的柔性。

　　首先提出基于仪器柔性集成系统的多属性综合评价概念，阐述了多属性综合评价过程，然后基于仪器柔性集成系统，提出面向光机电一体化仪器新产品的评价体系，该评价体系包含了基于七个一级评价指标的众多二级指标，能真正反映出利用柔性集成技术开发的仪器产品性能与价值。最后，针对所建立的评价体系，就如何正确可靠有效地做出评价，提出了小波网络综合评价方法和仪器精度指标的标准化评判方法，实现了对集成系统的柔性集成能力的综合评价。

5.1　仪器柔性集成系统的综合评价概念

　　对集成系统的开发功能柔性化程度的综合评价过程，也就是评价集成系统开发能力的一种决策过程。决策一词获得崇高地位并为学术界普遍研究探讨始于 20 世纪 50 年代，科学家 L. J. Savage，Abraham Wald，P. C. Fishburn，R. A. Fisher，H. Raiffa，R. O. Schlaifer 等人的开创性工作奠定了统计决策理论的坚实基础，并最终成为决策理论体系发展的重要基石。在决策理论体系的基础之上，通过采用多属性综合评价的方法对仪器柔性集成系统的柔性化、集成化研发能力进行了综合评价。

　　通常，一个综合评价问题由 5 个要素组成，即：被评价对象、评价指标、权重系数、结集模型及评价者。

1. 被评价对象

对于同一类被评价对象的个数需大于 1。可以假定（均为同一类的）被评价对象或系统分别记为 s_1，$s_2 \cdots$，s_n（$n>1$）。

2. 评价指标

各个被评价对象的运行状况可用一个向量表示，其中每一个分量都从某一个侧面反映对象的现状，故称为对象的状态向量，它构成了评价系统的指标体系。

每个评价指标都是从不同的侧面刻画出系统所具有某种特征大小的度量。根据具体评价问题来确定评价指标体系的建立。通常，在建立评价指标体系时，应遵守的原则是：系统性、科学性、可比性、可测取（或可观测）性、相互独立性。实际应用时，为不失一般性，设有项评价指标并依次记为 m_1，x_2，$\cdots$，x_m（$m>1$）。

3. 权重系数

相对于某种评价目的来说，评价指标之间的相对重要性是不同的。评价指标之间的这种相对重要性的大小，可用权重系数来刻画。若 w_j 是评价指标 x_j 的权重系数，那么则有：

$$w_j \geqslant 0, \ (j=1, 2, \cdots, m), \ \sum_{j=1}^{m} w_j = 1 \tag{5.1}$$

当被评价对象及评价指标（值）都给定时，综合评价（或对各被评价对象进行排序）的结果就将依赖于权重系数。即权重系数确定的合理与否，关系到综合评价结果的可信程度。

4. 集结模型

所谓多属性（或多指标）综合评价，就是指通过一定的熟悉模型（或算法）将多个评价指标值"合成"为一个整体性的综合评价值。可用于"合成"的数学方法较多，问题在于我们如何根据评价目的（或准则）及被评价对象的特点来选择较为合适的合成方法。也就是在获得个系统的评价指标值 $\{x_{ij}\}$，（$i=1$，2，$\cdots$，n；$j=1$，2，$\cdots$，m）的基础上，如何选用或构造集结模型（综合评价函数）：

$$y = f(w, x) \tag{5.2}$$

式（5.2）中，$w = (w_1, w_2, \cdots, w_m)^T$ 为指标权重向量；$x = (x_1, x_2, \cdots,$

$x_m)^T$ 为对象的状态向量。

由式（5.2）可求出各评价对象的综合评价值 $y_i = f(w, x_i)$，$x_i = (x_{i1}, x_{i2}, \cdots, x_{im})^T$ 为第 i 个对象的状态向量（$i = 1, 2, \cdots, n$），并根据 y_i 值的大小（由小到大或由大到小）将这 n 个对象进行排序和分类。

5. 评价者

评价者可以是某个人或者某团体。给定评价目的、建立评价指标、选择评价模型、确定权重系数等均与评价者有关。

综合评价的过程是各组成要素之间信息流动，组合的过程，是一个主客观信息集成的复杂过程。综合评价问题的处理过程是：明确评价目的；确定被评价对象；建立评价指标体系（包括收集评价指标的原始值、评价指标的若干预处理等）；确立于各项评价指标相对应的权重系数；选择或构造综合评价模型；计算各系统的综合评价值并进行排序或分类，该过程的直观表示如图 5.1 所示。

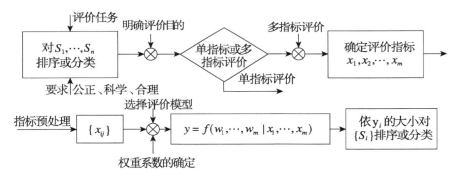

图 5.1　综合评价的逻辑框图

5.2　仪器柔性集成系统的综合评价方法

5.2.1　仪器柔性集成系统的综合评价内容

建立的仪器柔性集成系统综合评价体系，主要特征是对开发的同类新产品进行综合评价的同时，还要针对仪器柔性集成系统本身作为仪器研发装备所具有的柔性集成开发能力进行综合评价。这种评价体系超出了普通概念上的面向仪器的综合评价方法，而是将仪器开发机制与仪器产品作为一个整体来综合考虑，从而能为仪器产品的二次柔性集成开发提供有效的评价值，在多重闭环柔性集成系统中能够为仪器功能、参数、结构、支撑软件等提供重构集成与优化。

仪器柔性集成系统综合评价体系对产品的评价过程就是通过建立多项指标，对产品的技术性能、外观以及使用、维护等进行全面考核，并与预定设计的评价指标相比较的过程。该评价体系所建立的评价，包括对新仪器产品的评价及其对研发关键技术的评价。通过评价一方面可以找出产品与新技术发展的差距和薄弱环节，提出改进和提高仪器产品技术与性能和质量的措施，快速柔性化调整仪器产品研发模式，加快产品的更新和换代，提高产品竞争能力。另一方面，通过在产品评价的基础上，进一步对研发系统的关键技术进行综合评价，它不但能针对产品的技术发展趋势，为制定技术发展规划、技术引进方案等提供决策依据，还能为仪器柔性集成系统的完整性与评价的准确性提供可靠依据。

仪器柔性集成系统综合评价体系采用一组体系产品特点的统一标准尺度，对其技术、经济效果进行全面的考核。标准则被视为评价仪器仪表的指标体系。指标体系的内容如表 5.1 所示：

表 5.1 多属性综合评价体系

一级指标	二级指标	举例
功能指标	测量范围	温度测量范围：$-50℃$—$150℃$
功能指标	响应时间	$\leqslant 1$ s
功能指标	分辨率	如数值显示范围 0—19999
功能指标	准确度	模拟仪表：满量程的 0.1%、0.5% 数字仪表：满量程的 ±0.05%，±1 位数
功能指标	重复性	±0.25%，±0.05%
功能指标	稳定性	测量温度：$\leqslant 0.5℃$/年
功能指标	显示方式	指示、记录或数字显示
功能指标	自动调零	可自动调零，可细调
功能指标	自诊断	有自诊断功能；可指出故障点
功能指标	自校准	有或无，有自校准自判断功能
功能指标	报警	单点或多点报警；报警点可调
可靠性与寿命	平均无故障时间	4000h；2000h

一级指标	二级指标	举例
可靠性与寿命	显示部件可靠性	10000h；40000h
可靠性与寿命	电气部件可靠性	5000h
运行性能	电源波动影响	电压：220（1＋10%）V、220（1—5%）V，误差±0.2%（满量程）
运行性能	抗干扰能力	频率：50Hz±2%，误差±0.2%（满量程）
运行性能	防爆性能	无正交干扰和外磁能干扰；串、共模干扰小
运行性能	过载性能	电流过载20倍、10倍
运行性能	绝缘性能	1000V；100MΩ
运行性能	抗冲击能力	3MPa
运行性能	抗震动	＞1g；10—120Hz
运行性能	密封性能	耐湿热
人机关系	外观质量	美观大方
人机关系	外观造型	造型新颖，设计合理，结构紧凑
人机关系	色泽	色泽均匀，色调协调
人机关系	安装方便性	操作简便、灵活、识别清晰
人机关系	操作安全性	便于操作，有过载指示和断电保护措施
人机关系	读数清晰性	标度盘清晰，多年不变色
结构性和工艺性	结构先进性	轻巧，简单，拆卸方便
结构性和工艺性	工艺先进性	自动化加工，用无切屑工艺
结构性和工艺性	零部件通用性	通用零部件占80%以上
结构性和工艺性	零部件互换性	可任意互换
结构性和工艺性	可维修性	维修方便

多属性综合评价体系中，一级指标的具体含义概要说明如下：

（1）功能指标

功能指标是仪器仪表的主要技术参数，它反映了仪器在参比条件下所能达到的功能指标。

（2）可靠性与寿命

可靠性是仪器综合质量指标，它是仪器在规定条件下和规定的时间内，完成规定功能的能力。可靠性指标提出选用平均无故障时间（Mean Time Between Failures，MTBF）来表示，它是指仪器产品发生故障时，两次相邻故障之间的平均工作时间。寿命是指开始使用到其丧失规定功能所经历的时间。

（3）运行性能

运行性能是指仪器在规定的环境条件下工作的适应能力。它反映了仪器仪表在运行时承受各种环境条件的能力。

（4）人机关系

人机关系主要指如何使仪器的设计适合人的心理、生理条件，使仪器与人很好的配合。最佳的人机关系既保持人的主导地位，使人与仪器的总体达到最优化，又使人在操作仪器是产生安全感和舒适感。

（5）结构性和工艺性

结构性和工艺性指标随着科学技术的发展和仪器生产条件的不同而变化。结构性是指在不同的生产方式及生产条件下，零部件规格化、通用化、工艺通用性、用材合理性和结构继承性等的程度。工艺性是反映仪器结构在一定生产条件下，制造和维修的可行性和经济性。

5.2.2 仪器柔性集成系统的小波网络综合评价方法

根据仪器柔性集成系统的综合评价体系所需评价的内容以及评价所要达到的目标，提出一种面向仪器柔性集成系统的小波网络综合评价方法。在实际的综合评价分析中，首先对某种研发新产品按照国家标准进行分类，然后对同类的研发新产品进行综合评价，将评价指标选定为 x_1，x_2，$\cdots$，x_m，其权重系数 w_1，w_2，$\cdots$，w_m 往往难以准确给定。针对此问题这里采用的方法为：首先从这些同类产品中随机抽取 n（$n > m$）且远小于这些同类待综合评价的产品个数。得到个产品的整体评价值或排序结果。利用相应检测模型得到关于这类产品综合评价的专家知识。然后以此为基础再对这些同类待综合评价的全部产品进行综合评价，这种由部分评价对象到全体评价对象的工作框图如图5.2所示。

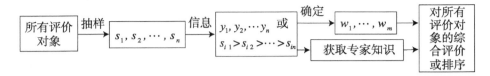

图5.2 由部分评价对象到全体评价对象的工作框图

具体进行综合评价时，设被评价对象 s_1，s_2，…，s_n 的整体评价（或印象）值 $\hat{y}_1$，$\hat{y}_2$，…，$\hat{y}_m$ 已分别给定。

1. 非线性规划方法

取综合评价模型为 $y = w_1 x_1 + w_2 x_2 + \cdots + w_m x_m$，规划问题模型有：

$$\min_{\vec{w}} \left\{ \sum_{i=1}^{n} (y_i - \hat{y}_i)^2 \right.$$
$$s.\,t.\ w_j > 0$$
$$w_1 + w_2 + \cdots + w_m = 1 \tag{5.3}$$

这时，$w = (w_1,\ w_2,\ \cdots,\ w_m)^T$ 可由规划问题给出，其中 $y_i = \sum_{j=1}^{m} w_j x_{ij}$（$i = 1,\ 2,\ \cdots,\ n$）。

在确定 $\hat{y}_1$，$\hat{y}_2$，…，$\hat{y}_n$ 时，可以假定有 h 位评价者，评价者 k 对 s_1，s_2，…，s_n（整体印象）的打分值分别为 $y^{(k)}_1$，$y^{(k)}_2$，…，$y^{(k)}_n$，为尽量减少个别评价者的主观色彩，令：

$$\hat{y}_i = \frac{1}{h-2} \left[\sum_{k=1}^{h} y^{(k)}_i - \max_k \{ y^{(k)}_i \} - \min_k \{ y^{(k)}_i \} \right],\ i = 1,\ 2,\ \cdots,\ n \tag{5.4}$$

为被评价对象 s_i（$i = 1,\ 2,\ \cdots,\ n$）的综合得分值。

2. 小波网络（Wavelet Network，WN）的多属性综合评价方法

小波网络是小波分解与前馈神经网络的融合。在多属性综合评价中应用小波网络分析方法，能自动获取专家知识，并有比 BP 网络更好的收敛性，具有很强的理论指导和较好的实际应用效果。

（1）基于小波网络的多属性综合评价

对于仪器柔性集成系统的多属性综合评价，在统一指标类型的基础上，利用评价指标的无量纲数据，通过小波网络的学习，得到专家知识，建立由评价指标属性值到输出综合评价值的非线性映射关系。在对其他类似问题进行评价时，输入待评价对象的指标数据向量，即可经网络计算得到其综合评价值，从而达到自动运行、快速评价及决策支持的目的。

（2）小波网络模型

小波变换是一种不同参数间的积分变换：

$$W_f(a, b) = \int_{-\infty}^{+\infty} f(t)h(a, b, t)\, dt \tag{5.5}$$

式（5.5）中，$f(t)$ 是具有紧支集的函数，$h(a, b, t) = |a|^{-1/2} h$ $(\frac{t-b}{a})$ 称为小波，$h(t)$ 称为基本小波。$|a|^{-1/2}$ 为归一化系数，b，a 分别为 $h(a, b, t)$ 的平移因子和伸缩因子。对于信号 $f(t)$，其局部结构的分辨可以通过调节小波基窗口的位置、大小（即调节参数 b，a）来实现。小波网络通过对小波分解进行了平移和扩张得到级数。由于引入了伸缩因子和平移因子，因而具有灵活的函数逼近能力。小波网络具有一致逼近和 L^2 逼近能力。用于仪器柔性集成系统的多指标综合评价小波网络如图 5.3 所示。这里，取：

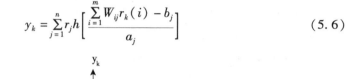

$$y_k = \sum_{j=1}^{n} r_j h\left[\frac{\sum_{i=1}^{m} W_{ij}r_k(i) - b_j}{a_j}\right] \tag{5.6}$$

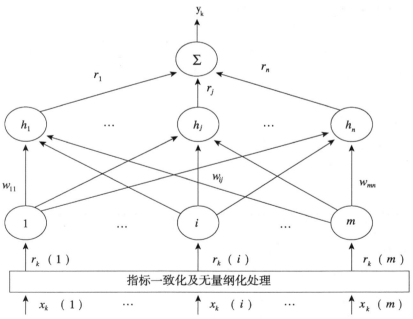

图 5.3　多指标综合评价小波网络结构图

式（5.6）中，$x_k(i)$，$r_k(i)$ 分别表示输入样本 k 指标 i 的原始数据和无量纲化数据。w_{ij}，r_j 表示权重系数，b_j，a_j 分别表示小波基的平移因子和伸缩因子。基本小波采用余弦调制的高斯波：Morlet 母小波。其形式为：

$$h(t) = \cos(1.75t)\exp\left(-\frac{t^2}{2}\right) \tag{5.7}$$

Mortet 母小波如图 5.4 所示，将仪器柔性集成系统的评价样本 K 所对应的指标属性值向量 $\{r_k(i)\}$ 作为小波网络的输入，与之对应的综合评价值 $\hat{y}_k$ 作为网络的期望输出。定义网络的误差能量函数为：

$$E = \frac{1}{2}\sum_{k=1}^{p}(\hat{y}_k - y_k)^2 \tag{5.8}$$

式（5.8）中：

y_k——评价样本 K 评价实际值；

$\hat{y}_k$——网络输出值；

P——评价样本总数。

通过网络参数 w_{ij}，r_i，b_j，a_j 的调整，使得网络的误差能量函数达到最低。

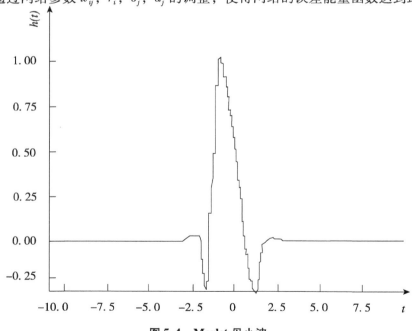

图5.4 Morlet 母小波

（3）基于小波网络的多属性评价算法

①赋予小波网络参数 w_{ij}，r_j，b_j，a_j 的随机初始值并赋予最大计算次数 N。

②将评价样本 k 的指标属性值向量 $\{x_k(i)\}$ 转化为指标属性一致的无量纲数据 $\{r_k(i)\}$。

③将 $\{r_k(i)\}$ 输入该网络，通过式（5.8）计算相应输出 $\hat{y}_k$。

④计算网络的梯度向量。令：$\lambda_k(j) = \dfrac{\sum\limits_{i=1}^{m} w_{ij} r_k(i) - b_j}{a_j}$，则有：

$$g(w_{ij}) = \frac{\partial E}{\partial w_{ij}} = \sum_{k=1}^{p}(\hat{y}_k - y_k)\left(\sum_{j=1}^{n} r_j \frac{\partial h}{\partial \lambda_k(j)} \frac{r_k(i)}{a_j}\right) \qquad (5.9)$$

$$g(r_j) = \frac{\partial E}{\partial r_i} = \sum_{k=1}^{p}(\hat{y}_k - y_k) h[\lambda_k(j)] \qquad (5.10)$$

$$g(a_j) = \frac{\partial E}{\partial a_j} = -\sum_{k=1}^{p}(\hat{y}_k - y_k)\left(\sum_{j=1}^{n} r_j \frac{\partial h}{\partial \lambda_k(j)} \frac{\lambda_k(j)}{a_j}\right) \qquad (5.11)$$

$$g(b_j) = \frac{\partial E}{\partial b_j} = -\sum_{k=1}^{p}(\hat{y}_k - y_k)\left(\sum_{j=1}^{n} r_j \frac{\partial h}{\partial \lambda_k(j)} \frac{1}{a_j}\right) \qquad (5.12)$$

其中，$\dfrac{\partial h}{\partial \lambda_k(j)} = -\cos[1.75\lambda_k(j)]\exp\left(-\dfrac{\lambda_k^2(j)}{2}\right)\lambda_k(j) - 1.75\sin[1.75\lambda_k(j)]\exp\left(-\dfrac{\lambda_k^2(j)}{2}\right)$。

⑤采用共轭梯度法（Fletcher – Reeves 公式）调整网络参数（t 为迭代次数），令：

$$S_t(w_{ij}) = \begin{cases} -g_t(w_{ij}), & t = 1 \\ -g_t(w_{ij}) + \dfrac{\|g_t(w_{ij})\|}{\|g_{t-1}(w_{ij})\|} S_{t-1}(w_{ij}), & t > 1 \end{cases} \qquad (5.13)$$

同理，可计算 $S_t(r_j)$，$S_t(j_a)$，$S_t(b_j)$。

则网络参数的调节如下：

$$w_{(t)ij} = w_{(t-1)ij} + \alpha S_{(t-1)}(w_{ij})$$
$$r_{(t)j} = r_{(t-1)j} + \beta S_{(t-1)}(r_j)$$
$$a_{(t)j} = a_{(t-1)j} + \gamma S_{(t-1)}(a_j)$$
$$b_{(t)j} = b_{(t-1)j} + \eta S_{(t-1)}(b_j) \qquad (5.14)$$

⑥返回步骤②，直到网络的误差能量函数值不大于给定数值 E 或计算次数超过设定的最大计算次数 N 为止。

5.2.3 仪器柔性集成系统小波网络综合评价的应用

在利用光机电一体化仪器柔性集成系统柔性集成开发系列热分析仪器系统过程中，对产品的功能指标、可靠性与寿命、运行性能、人机关系、结构性和工艺性等，采用基于小波网络综合评价方法进行了柔性化集成化二次优化设计与开发。主要涉及的热分析仪器系列有 WCT 微机差热天平仪、WCR 微机差热仪、WRT 微机热重仪、WCP 微机膨胀仪、FRC 一体化差热天平仪等。该类仪器产品的共性特征都是利用虚拟仪器环境下构造和植入特定的控温模型和测温规则，实现热分析仪器产品的信息分析和应用集成与共享。对其评价的标准为具有可比性。

依据国家标准 GB/T 13966 - 92，并参照 ASTME2161 - 01 Standard terminology relating to performance validation in thermal analysis 和 JIS K0129《热分析通则》，综合确定有关以上热分析仪器的基本特性作为综合评价体系的评价指标。具体评价指标表征如下：

1. 质量因数（figure - of - merit）

当决定某一特定测量状态的可应用性，确信某种方法的性能特性是有益的，典型的质量因数影响指标包括准确度、重复性、灵敏度等。根据热分析仪器特征，将质量因数分为 5 级标准，将其确定为综合评价的最终输出结论，作为改善仪器柔性集成系统在开发此类仪器产品时所需进行的重构与优化环节及相应的程度。

2. 准确度（accuracy）

实验测量值与公认文献值（约定真值）的一致程度，将热分析仪器理论给定温度值与实际控温效果作为仪器准确度的评价指标，即为评判样本 k 的指标属性值向量 $\{x_k(1)\}$。

3. 精密度（precision）

相同性质重复测量的一致程度，将热分析仪器在相同实验环境及实验条件下，对某一特定试样进行重复测量得到的绝对误差值 ΔE 作为仪器精密度的评价指标，即为评判样本 k 的指标属性值向量 $\{x_k(2)\}$。

4. 灵敏度（sensitivity）

可以用仪器的输出量与输入量之比 S 表示。对于非线性响应的热分析仪器，则为输出量对输入量的导数，即：

$$S = dR/dQ \tag{5.15}$$

式（5.15）中：R 为输出量；Q 为输入量。导数 S 作为仪器灵敏度的评价指标，即为评判样本的指标属性值向量 $\{x_k(3)\}$。

5. 检测限（detection limit）

被分析物可确切检知的最小量，热分析仪器确定的"灵敏度"就是指能确切反映的输入量的最小值，即为评判样本 k 的指标属性值向量 $\{x_k(4)\}$。

6. 噪声与信噪比（noise，signal – noise ratio）

以热分析仪器的基线振幅的 1/2 作为噪声（N），由基线到峰顶的高度为信号（S），以 S/N 大于 2 或 3 为信号的检出下限，将此指标作为评判样本 k 的指标属性值向量 $\{x_k(5)\}$。

7. 分辨力（resolution）

热分析仪器分辨力是指在一定条件下仪器分辨靠得较近的（相差 10℃ 以内）两个热效应的能力，将此指标作为评判样本 k 的指标属性值向量 $\{x_k(6)\}$。

8. 时间常数（time constant）

热分析仪器的时间常数就是指热分析仪器的最快采样速率下得到仪器设定测量分辨力的能力，某一体系内得到同样分辨力的不同仪器，时间常数越短则表示此指标度量越好，将此指标作为评判样本 k 的指标属性值向量 $\{x_k(7)\}$。

9. 线性度（linearity）

由最佳拟合线的各输出点到离线数据的最大偏离，已满量程计算输出的百分比表示。将此指标作为评判样本 k 的指标属性值向量 $\{x_k(8)\}$。

10. 选择性（selectivity）

当试验对象含有干扰成分时，热分析仪器测量方法能够准确而独特的测量出其中所含被分析物的能力，某一体系内对同一试验对象得到所含被分析物值越接近实际值的表示此指标度量越好，将此指标作为评判样本 k 的指标属性值向量 $\{x_k(9)\}$。

11. 重复性（repeatablity）

由同一分析者在同一实验室用同一台仪器所测结果精密度的定量度量，将此指标作为评判样本 k 的指标属性值向量 $\{x_k(10)\}$。

12. 漂移（drift）

热分析技术就是在程序温度控制下测量物质的物理性质与温度关系的一类分析方法，其仪器的特点就是"程序控温"，因仪器性能而使温度基线输出产生相当缓慢的变化，取在规定时间内任意两点间的最大偏移为漂移技术指标，将此指标作为评判样本 k 的指标属性值向量 $\{x_k(11)\}$。

根据以上确定的小波网络评价样本 k 的指标属性值向量 $\{x_k(1)$，$x_k(2)$，$\cdots$，$x_k(m)\}$（$m=11$），并根据向量自身的分类标准，确定 n 类分类标准（$n \leqslant m$，这里确定 $n=m=11$），确定其中第 k 类标准为 $level_k=\{level_{k1}$，$\cdots$，$level_{k11}\}$（$k=1$，2，$\cdots$，n）。设取得热分析仪器产品质量因数的评价对象 s 的指标属性值为 s_j（$j=1$，2，$\cdots$，m）。按下式进行分类计算：

$$y_k = \sum_{j=1}^{m} \omega_j \left(\frac{s_j - level_{kj}}{level_{kj}} \right)^2, \quad k=1, 2, \cdots, n \tag{5.16}$$

式（5.16）中：

ω_j——第 j 项指标的权系数；

y_k——评价对象与第 k 类标准的加权距离。

根据以上确定的评价对象指标属性值，建立基于小波网络的多属性综合评价模型，得到热分析仪器质量因数评价标准及相应的期望输出如表 5.2 所示，将表 5.2 中的五类分类指标值及相应期望输出输入小波网络，给定误差限 $\varepsilon=0.001$，按上文"基于小波网络的多属性评价算法"所述，优化网络参数，当调整次数为 3433 次时，达到误差限，学习结束。对新开发热分析仪器产品的待分类评价指标属性值如表 5.3 所示，将表 5.3 中的数据输入以上学习完成的小波网络中，可计算得到其评价指标的输出及分类（见表 5.3 中后两行），根据分类情况实现有区分的二次柔性化集成优化。

表 5.2　热分析仪器质量因数评价标准及相应的期望输出

质量因数（分类）	Ⅰ 类	Ⅱ 类	Ⅲ 类	Ⅳ 类	Ⅴ 类
准确度（%）	99.98	99.50	98.50	95.50	90.50
精密度（ΔE）	0.05	0.15	0.25	0.50	0.85
灵敏度（$\Delta°C/min$）	0.1	0.15	0.25	0.55	1.00
检测限（μV）	0.5	1.00	2.50	5.00	10.00
噪声与信噪比（$\mu V/°C$）	0.01	0.15	0.30	0.65	1.00

续表

质量因数（分类）	I 类	II 类	III 类	IV 类	V 类
分辨力（μV/℃）	0.01	0.15	0.30	0.65	1.00
时间常数（S）	1.00	3.00	6.00	10.00	15.00
线性度（%）	1.50	2.50	4.00	6.50	10.00
选择性（%）	99.80	99.50	99.00	97.00	90.00
重复性（%）	99.98	99.50	98.50	95.50	90.50
漂移（℃/min）	0.20	0.50	0.80	1.20	2.50
期望输出	$\begin{bmatrix}0.9\\0.1\\0.1\\0.1\\0.1\end{bmatrix}$	$\begin{bmatrix}0.1\\0.9\\0.1\\0.1\\0.1\end{bmatrix}$	$\begin{bmatrix}0.1\\0.1\\0.9\\0.1\\0.1\end{bmatrix}$	$\begin{bmatrix}0.1\\0.1\\0.1\\0.9\\0.1\end{bmatrix}$	$\begin{bmatrix}0.1\\0.1\\0.1\\0.1\\0.9\end{bmatrix}$

由此应用实例表明：采用基于小波网络的多属性综合评价体系能够解决面向光机电一体化仪器柔性集成开发产品的多品种特点，能够很好解决复杂对象的综合评价，对于难以给出指标权重的仪器柔性集成系统非线性多属性综合评价体系，具有独到的有效的评价能力。该方法原理简单，小波网络结构也有一定的理论指导，并且基于共轭梯度算法的网络，其收敛速度较快。

表 5.3　实际开发热分析仪器指标数据及相应输出分类

系列仪器型号	WCT	WCR	WRT	WCP	FRC
准确度（%）	99.78	99.61	95.77	98.23	99.85
精密度（ΔE）	0.0342	0.0495	0.195	0.112	0.0235
灵敏度（Δ℃/min）	0.09	0.25	0.55	0.15	0.088
检测限（μV）	0.75	0.75	0.75	0.80	0.75
噪声与信噪比（μV/℃）	0.02	0.05	0.07	0.10	0.01
分辨力（μV/℃）	0.01	0.02	0.01	0.02	0.01
时间常数（S）	0.76	0.87	0.87	0.90	0.55
线性度（%）	1.85	2.68	2.25	1.50	2.10
选择性（%）	99.90	99.70	99.80	99.30	99.80

系列仪器型号	WCT	WCR	WRT	WCP	FRC
重复性（%）	99.30	97.30	97.50	98.60	98.90
漂移（℃/min）	0.222	0.237	0.388	0.386	0.290
计算输出	$\begin{bmatrix} 0.0612 \\ 0.1245 \\ 0.6605 \\ 0.1037 \\ 0.1081 \end{bmatrix}$	$\begin{bmatrix} 0.0987 \\ 0.1171 \\ 0.9025 \\ 0.1392 \\ 0.0973 \end{bmatrix}$	$\begin{bmatrix} 0.1069 \\ 0.0967 \\ 0.4135 \\ 0.8358 \\ 0.0983 \end{bmatrix}$	$\begin{bmatrix} 0.1230 \\ 0.0877 \\ 0.1082 \\ 0.9147 \\ 0.1255 \end{bmatrix}$	$\begin{bmatrix} 0.1084 \\ 0.3604 \\ 0.8583 \\ 0.1174 \\ 0.0935 \end{bmatrix}$
网络分类（质量因数）	III 类	III 类	IV 类	IV 类	III 类

5.2.4 仪器柔性集成系统的仪器精度评价方法

仪器精度的判定是仪器柔性集成系统提供的一项重要功能，是集成系统"实验与验证"环节评价实际新开发产品技术指标的主要手段。它的功能与"第4章4.4节"相辅相成，"第4章4.4节"所述的"仪器测量误差信号分析的柔性集成"是针对集成系统在柔性集成开发过程中，如何利用误差分析方法降低产品的误差，提高仪器测量精度；而对仪器精度的评价则是针对已开发完成的产品，通过测试与实践，以计量与标定的方法对仪器实际所能达到精度进行判定，实现对产品品质的综合评价。

仪器精度的判定目的是确定仪器是否能完成赋予它的功能。可利用仪器精度计算的结果，来探索仪器可能使用的范围和制定仪器验收的技术条件。仪器柔性研发系统在"功能评价"环节，通过对仪器精度的判定与检测，将结果反馈后，实现对仪器开发的二次功能重构集成优化。首先通过减小那些影响最大的误差以提高仪器功能与精度，如果减小个别影响大的误差时有困难或在经济上不合理，则可在结构上考虑使用补偿调节机构。调节机构的位置，调节的范围与灵敏度均根据对计算结果的分析来确定。

在仪器柔性集成系统柔性集成化开发仪器，对开发仪器进行精度分析计算时，必须考虑理论误差、工艺误差、动态误差、温度误差和随时间变化误差等各种影响。所有这些误差都随着输入量的变化或机构主动环节的运动而改变，这些误差往往是该环节的位置函数。所以，在分析计算仪器误差时，必须找出输出函数误差的变化规律，同时考虑到输入函数和基本误差变化函数。

1. 最大误差法

如果仪器精度以及仪器各功能部件的原始误差变化规律已知，则可采用最大误差法进行误差综合分析。

由仪器各功能部件的原始误差引入的仪器误差由下式给出：

$$\Delta\varphi_s = \left(\frac{\partial\varphi}{\partial q_s}\right)_0 \Delta q_s \tag{5.17}$$

式（5.17）中：

Δq_s——仪器各功能部件的原始误差。

如果 Δq_s 以极限误差形式给出，采用最大误差法进行误差综合，则仪器总误差为

$$\Delta\varphi_\Sigma = \sum_{s=1}^{n}\left(\frac{\partial\varphi}{\partial q_s}\right)_0 \Delta q_s \tag{5.18}$$

计算仪器精度时，各功能部件原始误差的量值或变化往往未知，合格部件的所有测量偏差均在规定设计误差范围内。在误差范围内出现的值可能是任意的，所以在分析计算仪器精度时，这些误差为随机变量或随机函数，不能采用最大误差法进行误差合成。为了计算仪器各环节误差的随机性质的影响，必须根据概率论与数理统计的方法合成所有偏差。采用这种方法计算的不仅是偏差值，还包括其出现的概率。应用概率论与数理统计的方法计算仪器精度，更符合仪器柔性集成系统的客观实际。

综合考虑仪器各个功能部件设计或制作产生误差分析计算仪器精度时，给出了相关的下述四个误差特征。

设仪器设计误差所限制的随机误差的极限偏差上、下限为 x_B 和 x_H，如图 5.5 所示。以长方形阴影部分表示 x_B 和 x_H 的仪器精度要求误差范围。各功能部件参数误差在精度要求范围内的分布曲线给出。图 5.5 中纵坐标表示概率密度，横坐标为功能部件参数误差。决定精度要求范围的平均值 Δ_0 表示部件误差与精度要求相关的第一特征，即：

$$\Delta_0 = \frac{x_H + x_B}{2} \tag{5.19}$$

求 Δ_0 时，极限偏差取自身的符号，如：设参数 L 的偏差为 +15 和 -10，则精度要求范围平均值 $\Delta_0 = 0.5\ [15 + (-10)] = 2.5$。

允许误差范围之半 δ 是允许误差的第二特征，它等于极限偏差的差值之半，即：

$$\delta = \frac{x_B - x_H}{2} \tag{5.20}$$

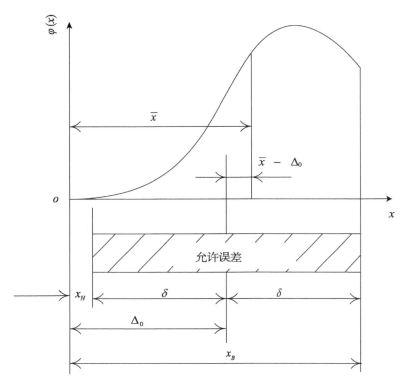

图 5.5　功能部件测量误差的区别

δ 值始终为正。如：偏差分别为 -5 和 -15，则精度要求范围之半 $\delta = 0.5$ $[-5-(-15)] = 5$。

精度要求范围分布的第三特征是相对不对称系数 α。此特征与精度要求范围内的偏差分布律有关，即：

$$\alpha = \frac{\overline{x} - \Delta_0}{\delta} \tag{5.21}$$

式（5.21）中，

$\overline{x}$——偏差的平均值。

若偏差分布曲线为对称分布，则 $\alpha = 0$；若随机变量平均值 $\overline{x}$ 大于精度要求范围平均值 Δ_0，则 $\overline{x} > 0$；若 $\overline{x} < \Delta_0$，则 $\alpha < 0$。如果精度要求范围和相对不对称

系数 α 为已知，即精度要求范围内的偏差分布律已知，则可求出精度要求范围极限内偏差平均值的表达式为：

$$\bar{x} = \Delta_0 + \alpha\delta \tag{5.22}$$

相对均方偏差 λ 是精度要求范围的第四特征，它等于标准差 σ 与精度要求范围之半 δ 的比值，即：

$$\lambda = \frac{\sigma}{\delta} \tag{5.23}$$

若 $\delta = 3\sigma$，则 $\lambda = 1/3$；若 $\delta = 2.5\sigma$，则 $\lambda = 1/2.5$。

此外，原始误差的性质也影响误差合成。若原始误差为非向量误差，则其影响系数为常量；若原始误差为向量误差，如传感器零点漂移、环境误差、电子元器件精度漂移等，则它们的影响系数是随机变量。向量误差是仪器测量主动环节坐标 φ 和误差随机方向角 α 的函数，即：

$$j_s = sin\ (\varphi + \alpha) \tag{5.24}$$

若 α 在 $[0, 2\pi]$ 范围内可取任意值，且服从均匀分布，则影响系数的均值为：

$$M(j_s) = \frac{1}{2\pi}\int_0^{2\pi} sin\ (\varphi + \alpha)\ d\alpha = 0 \tag{5.25}$$

影响系数的方差为：

$$D\ (j_s) = \frac{1}{2\pi}\int_0^{2\pi}\sin^2\ (\varphi + \alpha)\ d\alpha = \frac{1}{2\pi}\int_0^{2\pi}\frac{1 - \cos\ (2\varphi + 2\alpha)}{2}d\alpha$$

$$= \frac{1}{4\pi}\int_0^{2\pi}\cos\ (2\varphi + 2\alpha)\ d\alpha = \frac{1}{2} \tag{5.26}$$

仪器测量主动环节任意两位置 φ_1 与 φ_2 上的值 j 间的相关函数为：

$$r\ (\varphi_1,\ \varphi_2) = \frac{1}{\sqrt{D\ (j_{s1})\ D\ (j_{s2})}}\frac{1}{2\pi}\int_0^{2\pi}\ (j_{s1} - \bar{j}_{s2})\ (j_{s2} - \bar{j}_{s2})d\alpha$$

$$= \frac{1}{2\pi}\int_0^{2\pi}\sin(\varphi_1 + \alpha)\ \sin\ (\varphi_2 + \alpha)\ d\alpha$$

$$= \frac{1}{2\pi}\int_0^{2\pi}\left[\cos(\varphi_2 - \varphi_1) - \cos\left(\frac{\varphi_1 + \varphi_2}{2} + \alpha\right)\right]d\alpha$$

$$= \cos(\varphi_2 - \varphi_1) \tag{5.27}$$

利用概率论与数理统计的方法，以随机误差分析计算仪器测量精度时，可以给出仪器误差的统计特征。仪器的实际极限偏差为：

$$\Delta y = (\varphi' - \varphi_0) + \left[\sum_n (j_n \bar{x}_n + \sum_s j_s \bar{x}_s) \right] \pm \delta_s$$

$$\bar{x}_n = \Delta_{0n} + \alpha_n \delta_n$$

$$\bar{x}_s = \Delta_{0s} + \alpha_s \delta_s$$

$$\delta_s = K \sqrt{\sum_n j_n^2 \lambda_n^2 \delta_n^2 + \sum_s [\lambda_{j_s}^2 \delta_{j_s}^2 (\lambda_s^2 \delta_s^2 + \bar{x}_s^2 + \lambda_s^2 \delta_s^2 \bar{j}_s^2)]} \qquad (5.28)$$

式（5.28）中：

$(\varphi' - \varphi_0)$——机构理论误差；

$\bar{x}_n$——无向量误差均值；

$\bar{x}_s$——向量误差均值；

$\bar{j}_s$，λ_{j_s}，δ_{j_s}——向量误差影响系数平均值、相对均方偏差、随机影响系数变换之半；

j_n，λ_n，δ_n——无向量误差影响系数、相对均方偏差、无向量允许误差之半；

λ_s，δ_s——相对均方偏差、向量误差允许误差之半。

2. 概率计算法

当系统误差经过修正与调整，其影响较小时，可以将各功能部件的误差作为随机误差来处理。用标准差表示的计算公式为：

$$\sigma = \sqrt{\sum_{i=1}^N \sigma_i^2 + 2 \sum_{1 \le i \le j \le N} \rho_{ij} \sigma_i \sigma_j} \qquad (5.29)$$

式（5.29）中：

N——单项随机误差的个数；

σ_i（$i = 1$，2，$\cdots$，N）——N 个单项误差；

ρ_{ij}，（$1 \le i \le j \le N$）——单项误差 σ_i 与 σ_j 之间的相关系数；

σ——合成后总的标准差；

用极限误差表示的计算公式为：

$$\delta = \pm k \sqrt{\sum_{i=1}^N \left(\frac{\delta_i}{k_i} \right)^2 + 2 \sum_{1 \le i \le j \le N} \rho_{ij} \left(\frac{\delta_i}{k_i} \right) \left(\frac{\delta_j}{k_j} \right)} \qquad (5.30)$$

或者为：

$$\delta = \pm \sqrt{\sum_{i=1}^N \delta_i^2 + 2 \sum_{1 \le i \le j \le N} \rho_{ij} \delta_i \delta_j} \qquad (5.31)$$

式（5.30—5.31）中：

N——单项随机误差的个数；

σ_i——各单项随机误差的标准差；

k_i——各单项极限误差的置信因子；

$\delta_i = k_i \sigma_i$（$i = 1$，2，$\cdots$，N）——各单项随机误差；

k——合成后总误差的置信因子；

$\delta = k\sigma$——合成后总的标准差。

3. 综合误差计算法

当系统误差与随机误差大小相差不多，数值相近时，则可以采取综合误差计算法。

如果仪器误差中有 N 个单项随机误差，s 个单项未定系统误差，r 个单项已定系统完成，则仪器测量综合误差极限值为：

$$\Delta_{\lim} = \sum_{i=1}^{r} \Delta_i \pm \Big[\sum_{i=1}^{s} |e_i| + K \sqrt{\sum_{i=1}^{N} \Big(\frac{\delta_i}{k_i}\Big)^2 + 2\sum_{i<i<j<N} \rho_{ij}\Big(\frac{\delta_i}{k_i}\Big)\Big(\frac{\delta_j}{k_j}\Big)} \Big] \qquad (5.32)$$

对于一次测量的仪器系统而言（如：测色色差计系统），式（5.32）是具有普遍意义。而对于通过增加测量次数来减小随机误差影响的仪器系统而言（如：热分析仪器系统、光栅单色仪系统等），则应注意式（5.32）中所含未定系统误差的特性，因为系统误差在多次重复测量中并不具有抵偿性。

实际对仪器精度的评价应用中，根据误差出现的具体情况做适当处理。假设仪器存在以下误差：

（1）按一定规律变化，但不能用测量方法消除的系统误差，以 Δ_i 表示。

（2）以一定测量方法可以消除或降低其影响，但不能完全等于零的未定系统误差，以 u_i 表示，如温度修正误差等。该误差具有随机性，不能用增加测量次数来减少。

（3）随机误差，以 σ_i 表示。如人为测量误差，则综合误差计算方法为：

$$\Delta_{\lim} = \sum_{r=1}^{r} a_i \Delta_i \pm k \sqrt{\frac{\sum_{i=1}^{N} a_i^2 \sigma_i^2}{n} + \sum_{i=1}^{N} a_i^2 u_i^2} \qquad (5.33)$$

式（5.33）中：

k——仪器综合误差的置信系数；

σ_i——仪器及测量中存在的随机误差的标准差；

a_i——误差传递系数；

n——测量次数；

u_i——未定系统误差的标准差；

Δ_i——系统误差。

下文通过建立典型测色仪器的实验系统技术评价，针对实验系统的稳定性、重复性、示值误差等实际测量数据，结合国家相关标准给出了实验系统性能指标的评价。

5.2.5　仪器柔性集成系统的仪器精度评价应用

1. 典型热分析仪器测量精度评价问题

在热分析测量中，对炉腔温度场的精密检测与控制是实现热分析热流信息测量技术的核心，往往都具有高度非线性、运行模式多变、耦合强、干扰多等影响测量精度的不确定性特征，无法建立精确的静态测量过程模型。此外，加热炉腔内温度场的热流信号往往会受到测试样品、气氛环境、加热炉丝质量、测热流传感器、升温速度等诸多因素影响而与实际控温不符，出现瞬态失衡现象。如何建立炉腔内温度场热传导数学模型，建立热流分布特征的不确定度评价体系，往往能够解决系统整体温度场热流瞬态分布检测难题，并且结合实际数据测量可以实现热损失参量化计算的估计与评价。仪器柔性集成系统的仪器精度评价体系中，提出了采用信息融合技术，建立一种影响热分析仪测量精度的缺陷模式不确定度评价方法，基于 Pignistic 的指标函数优化算法，建立 Pignistic 向量的证据相似度度量方法，采用实验验证的方法，在获得静态修正因子情况下对测量结果进行多次修正，解决系统整体温度场热流瞬态分布的检测和热损失参量化计算的估计。

测量不确定度是测量结果带有的一个参数，用于表征合理地赋予被测量值的分散性。测量结果的不确定度包含若干个分量，根据其数值评定方法，一般可以分为 A 类评定和 B 类评定。A 类评定定义方法：由一系列测量数据的统计分布获得的不确定度，用试验标准差表征。B 类评定定义方法：基于经验或资料及假设的概率分布、用估计的标准差表征。

标准差表征了测量结果的不确定度，而标准差的可信懒程度则决定了测量结果的不确定度评定质量。实际测量分析过程中，可信赖程度与自由度密切相关，自由度越大，标准差信赖程度越高，自由度的大小往往能够直接反映出不确定度的评定质量。

自由度就是指测量计算的总和当中，存在的独立项的个数，即总项数减去其中受约束的项数值。为了估计所评定的测量不确定度的自由度，按照以下几种情况的自由度定义方式进行分析。

（1）对检测数据量 X 进行一次测量 X_1，作为量 X 的估计，为了提高估计的准确度，还独立测得 X_2，X_3，$\cdots$，X_n，称该 n 个独立样本数据的自由度为 $n-1$。这种情况说明了获取自由度的一个方法：对于一个测量样本，自由度等于该样本数据中 n 个独立测量个数减去待求量个数 1。

（2）对某量 X 进行 n 次独立重复测量，在用贝塞尔公式计算实验标准差时，需要计算残差平方和 $\sum(x_i - \overline{x})^2$ 中 n 个残差（$x_i - \overline{x}$），因 n 个残差满足一个约束条件 $\sum(x_i - \overline{x}) = 0$，故独立残差个数为 $n-1$，即用贝塞尔公式估计实验标准差的自由度为 $n-1$。

（3）按估计相对标准差来定义的自由度称为有效自由度，记为 $v_{\it eff}$，有时不加区别记为 v 可得到自由度的另一种估计公式 $v = \dfrac{1}{2} \dfrac{1}{\left[\dfrac{\sigma(S)}{S} \right]^2}$，进一步将上述公式推广到评定 A 类和 B 类标准不确定度的情形，既有：$v = \dfrac{1}{2} \dfrac{1}{\left[\dfrac{\sigma(u)}{S} \right]^2}$；

建立基于 Pignistic 概率的静态修正模型，若热分析仪炉腔的温度场集为 $\phi = \{ \theta_1, \theta_2, \cdots, \theta_p \}$，通过温度场均温区分布模拟试验获先验温度差异信息，可以获得某个点的温度传感器对温度场集 ϕ 中各个温度差异模式的监测数据，即观测集 $\delta = \{ \sigma_1, \sigma_2, \cdots, \sigma_n \}$，且 $n \gg p$。那么，对于每一组观测 $\sigma_j \in \delta$，人们就知道该观测是何种温度差异模式 $d_j \in \delta$ 下获得的，并将由该组观测中获取的调整仪器实验炉腔的证据记作 $m\{\delta_j\}$。

证据的可靠性反映了使用者对传感器读数的信任度。若设定证据可靠性的修正因子为 α，则证据的可靠度就是 $1-\alpha$。由该传感器测得的 BPA 可用式（5.32）进行修正。

$$m^\alpha(A) = \begin{cases} (1-\alpha)\ m\ (A), & \forall A \subseteq \delta,\ A \neq \delta \\ \alpha + (1-\alpha)\ m\ (\delta), & A = \delta \end{cases} \tag{5.34}$$

若传感器的静态修正因子为 α^s，则可以利用上式获得修正后的基本概率分配（BPA），即为 $m^{\alpha^s}\{\delta_j\}$。

利用 Pignistic 概率函数：

$$BetP_m(\theta_i) = \sum_{A \subseteq \delta, \theta_i \in A} \frac{1}{|A|} \frac{m\ (A)}{1 - m\ (\varnothing)}, \quad [m\ (\varnothing) \neq 1,\ |A| \text{是集合 } A \text{ 的势}]$$

$$\tag{5.35}$$

将 $m^{\alpha^s}\{\delta_j\}$ 转换成 Pignistic 概率函数，表示成 $\text{Bet}P^{\alpha^s}\{\delta_j\}$，然后将其与事先设定的温度差异模式 d_j 比较，设指示函数 $\partial_{j,i}$，$(j=1, \cdots, n, \ i=1, \cdots, p)$ 当 $\theta_i = c_j$ 时，$\partial_{j,i} = 1$，否则 $\partial_{j,i} = 0$。那么，就可以定义 $\text{Bet}P^{\alpha^s}\{\delta_j\}$ 与指标函数 $\partial_{j,i}$ 之间的欧式距离为：

$$\text{Dist}(\delta_j, \alpha^s) = \sum_{i=1}^{p} (\text{Bet}P^{\alpha^s}\{\delta_j\}(\theta_i) - \partial_{j,i})^2 \tag{5.36}$$

则 n 组观测与 $\partial_{j,i}$ 之间的欧式距离为：

$$\text{TotalDist} = \sum_{j=1}^{n}\text{Dist}(\delta_j, \alpha^s) = \sum_{j=1}^{n}\sum_{i=1}^{p}(P^{\alpha^s}\{\delta_j\}(\theta_i) - \partial_{j,i}) \tag{5.37}$$

由式（5.37）可得，TotalDist 是关于 α^s 的距离指标函数，将 TotalDist 进行最小化处理即可得到 α^s。此时经 α^s 修正后得到的 $\text{Bet}P^{\alpha^s}\{\delta_j\}$ 表示在 TotalDist 最小意义下，使得 $\text{Bet}P^{\alpha^s}\{\delta_j\}$ 尽可能地接近真实的指标函数 $\partial_{j,i}$，亦即 $m^{\alpha^s}\{\delta_j\}$ 中对各个温度差异特征情况的 BPA 分布尽可能的反映真实发生的实验仪器炉腔差异。

2. 热分析仪测量精度最小不确定度计算

热分析仪测量精度最小不确定度的计算采用最小化 TotalDist 的方法求解。具体求解热分析仪测量精度最小不确定度 α^s 的过程如下：假定从炉腔的某点温度传感器的第 j 组观测中获得的 BPA 为 $m\{\delta_j\}$，则用静态折扣变量 α 对原证据修正后得到的新证据：

$$m^{\alpha}\{\delta_j\}(A) = \begin{cases} (1-\alpha)\,m\{\delta_j\}(A), & if \ A \subset \Theta \\ (1-\alpha)\,m\{o_j\}(\Theta) + \alpha, & if \ A = \Theta \end{cases} \tag{5.38}$$

式（5.38）中，A 为证据焦元。

由 Pignistic 概率函数：

$$\text{Bet}P_m(\theta_i) = \sum_{A \subseteq \delta, \theta_i \in A} \frac{1}{|A|} \frac{m(A)}{1 - m(\emptyset)}, \quad [m(\emptyset) \neq 1, \ |A| \text{是集合 } A \text{ 的势}] \tag{5.39}$$

求得原证据的 Pignistic 概率函数为：

$$\text{Bet}P\{o_j\}(\theta_i) = \frac{\sum_{A:\theta_i \in A} m\{o_j\}(A)}{|A|} \tag{5.40}$$

由式（5.37）和式（5.40）可得：

$$\mathrm{Bet}P^{\alpha}\{o_j\}(\theta_i) = \sum_{A:\theta_i\in A}\frac{m^{\alpha}\{o_j\}(A)}{|A|} = \sum_{A:\theta_i\in A}(1-\alpha)\frac{m\{o_j\}(A)}{|A|} + \frac{\alpha}{p}$$

$$= (1-\alpha)\,\mathrm{Bet}P\{o_j\}(\theta_i) + \frac{\alpha}{p} \qquad (5.41)$$

式 (5.41) 中，$p = |\Theta|$。定义 $p_{ij} = \mathrm{Bet}P\{o_j\}(\theta_i)$，则可得到：

$$\mathrm{TotalDist} = \sum_{j=1}^{n}\sum_{i=1}^{p}\left[\mathrm{Bet}P^{\alpha}\{o_j\}(\theta_i) - \delta_{j,i}\right]^2$$

$$= \sum_{j=1}^{n}\sum_{i=1}^{p}\left[(1-\alpha)\,p_{ij} + \frac{\alpha}{p} - \delta_{j,i}\right]^2 \qquad (5.42)$$

当 $\dfrac{\mathrm{dTotalDist}(\alpha)}{\mathrm{d}\alpha} = 0$ 时，式 (5.42) 可以取到极值：

$$0 = \frac{\mathrm{dTotalDist}(\alpha)}{d\alpha} = 2\sum_{j,i}\left((1-\alpha)\,p_{ij} + \frac{\alpha}{p} - \delta_{j,i}\right)\left(-p_{ij} + \frac{1}{p}\right)$$

$$\propto \sum_{j,i} - (1-\alpha)\,p_{ij}^2 - \frac{\alpha n}{p} + \sum_{j,i}\delta_{j,i}p_{ij} + \frac{(1-\alpha)\,n}{p} + \frac{\alpha n}{p} - \frac{\alpha n}{p}$$

$$= \sum_{j,i} - (1-\alpha)\,p_{ij}^2 - \frac{\alpha n}{p} + \sum_{j,i}\delta_{j,i}p_{ij} \qquad (5.43)$$

求得 $\alpha = \dfrac{\sum_{j,i}(\delta_{j,i} - p_{ij})\,p_{ij}}{\dfrac{n}{p}\sum_{j,i}p_{ij}^2}$。为了保证 $\alpha^s \in [0,1]$，将 α^s 进行最小化处理：

$$\alpha^s = \min\left[1,\ \max(0,\ \alpha)\right] \qquad (5.44)$$

3. 热分析仪测量精度不确定度评价实验

（1）评价实验体系构成

热分析仪加热炉腔内部结构复杂，不仅需要考虑加热元件材料、还要考虑均温区分布大小、气氛控制方法、隔热保温措施、消除热应力等测量环境因素。信号的检测主要有控温检测、样品测温检测、气氛热流检测、热传导效能检测、热应力检测等，提出一种基于热传导数学模型和实际数据测量相结合的方法，利用多传感器检测方法获取瞬态多元信息间的相互关联性，检测得到整体温度场瞬态下的热分布。

以典型的差热分析仪加热炉均温区分布缺陷为研究对象，建立的热分析评价实验体系，能够模拟影响温度场的热分布特性的参数变量以及影响形式。在实验过程中，确定合适的 MEMS 状态参数测试部位，选择合适传感器并设计加工测试单元，开发数据采集测试系统对功能参数和空间温度信号进行采集与处理。热分析仪炉腔多元信息获取测试与评价实验体系如图 5.6 所示：

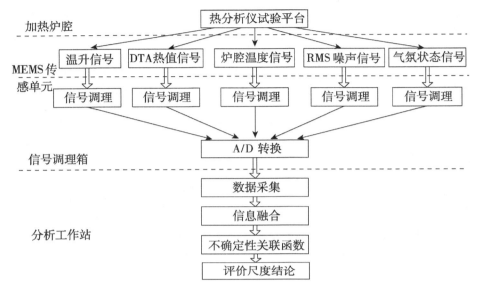

图 5.6　热分析仪信号获取与评价途径

（2）不确定度评价实验

不确定度评价实验过程均从 100 度开始采样、10 度/分钟加温到 1000 度为测量实验，每 30 度记录一组不确定度测量数据。首先，在加热过程中上分别设置 $F_0 = $ ｛正常升温｝、$F_1 = $ ｛加热丝松弛升温｝、$F_2 = $ ｛对流气氛环境升温｝、$F_3 = $ ｛炉腔非真空升温｝ 四种典型影响均温区缺陷模式。利用升温控制（S_1）、炉腔测温（S_2）、DTA 测量值（S_3）三种传感器采集加热过程中每一时刻均值作为观测信号（采样速率 1000 组/每秒），经数据采集测试系统将所采集的信息传输至上微机，通过上微机数据分析软件获得数据，记录不同时刻的各传感信号。采用上述方法对获得三种传感器信号进行 BPA 修正。

设均温区缺陷模式集 $\Theta = $ ｛F_0，F_1，F_2，F_3｝，通过典型差热分析仪加热炉均温区分布缺陷模拟实验，获取升温控制（S_1）、炉腔测温（S_2）、DTA 测量值（S_3）三种传感器在 4 种均温区缺陷模式下分别获取的 30 组观测值（表 4—表 6 仅列出了 S_1—S_3 在 F_0—F_3 情况下的 4 组样本数据），取出的 360 组加热炉温度分布缺陷证据作为计算静态折扣因子时的样本。

表 5.4　S_1 在 $F_0 \sim F_3$ 情况下的 6 组均温区缺陷证据样本

均温区缺陷模式	$m(F_0)$ (正常)	$m(F_1)$ (加热丝松弛)	$m(F_2)$ (对流气氛)	$m(F_3)$ (炉腔非真空)	$m(\Theta)$ (基本概率分配)
F_0	0.348	0.764	0.543	0.275	0.007
	0	0.13	0.494	0	0
	0.396	0.129	0.885	0.275	0.007
	0	0	0.201	0	0.001
F_1	0.178	0.382	0.301	0.031	0
	0.199	0.412	0.332	0.178	0
	0.12	0.288	0.258	0	0
	0	0	0.155	0.019	0
F_2	0.257	0.152	0.787	0.311	0.02
	0.289	0.103	0.782	0.764	0.054
	0.315	0	0.784	0.812	0.034
	0.257	0	0.777	0.161	0.027
F_3	0.155	0	0.203	0.008	0.007
	0.149	0.151	0.35	0	0
	0.151	0.331	0.398	0	0.007
	0.152	0.089	0.447	0	0

表 5.5　S_2 在 $F_0 \sim F_3$ 情况下的 6 组均温区缺陷证据样本

均温区缺陷模式	$m(F_0)$ (正常)	$m(F_1)$ (加热丝松弛)	$m(F_2)$ (对流气氛)	$m(F_3)$ (炉腔非真空)	$m(\Theta)$ (基本概率分配)
F_0	0.161	0.364	0.741	0.275	0.02
	0	0.132	0.339	0.254	0.034
	0	0.121	0.788	0.275	0.074
	0	0	0.202	0.078	0.115

均温区缺陷模式	$m(F_0)$（正常）	$m(F_1)$（加热丝松弛）	$m(F_2)$（对流气氛）	$m(F_3)$（炉腔非真空）	$m(\Theta)$（基本概率分配）
	0.177	0.182	0.807	0.031	0.034
F_1	0	0.091	0.257	0.005	0.034
	0.009	0.087	0	0.348	0.027
	0	0	0.181	0.019	0
	0.227	0.115	0.177	0.324	0.027
F_2	0.229	0.107	0.255	0.761	0.068
	0.115	0.098	0.554	0.577	0.034
	0.057	0.103	0.697	0.154	0.027
	0.105	0.241	0.321	0.257	0.007
F_3	0.109	0.223	0.258	0.214	0.02
	0	0	0.388	0.231	0.007
	0	0.119	0.421	0.254	0

表 5.6 S_3 在 $F_0 \sim F_3$ 情况下的 6 组均温区缺陷证据样本

均温区缺陷模式	$m(F_0)$（正常）	$m(F_1)$（加热丝松弛）	$m(F_2)$（对流气氛）	$m(F_3)$（炉腔非真空）	$m(\Theta)$（基本概率分配）
	0.167	0.315	0.291	0.324	0.014
F_0	0.089	0	0.151	0.258	0.054
	0.299	0.715	0.592	0.324	0
	0.25	0.568	0.543	0	0.014
	0	0.09	0.258	0	0.014
F_1	0.199	0.081	0.236	0	0.02
	0.192	0.112	0.432	0.118	0.007
	0.12	0.225	0.363	0.098	0.014

均温区 缺陷模式	$m(F_0)$ （正常）	$m(F_1)$ （加热丝松弛）	$m(F_2)$ （对流气氛）	$m(F_3)$ （炉腔非真空）	$m(\Theta)$ （基本概率分配）
	0.299	0.104	0.789	0.52	0.007
	0.255	0.201	0.779	0.617	0.034
F_2	0.229	0.114	0.272	0.526	0.007
	0.225	0.2	0.585	0.624	0.061
	0.159	0.203	0.252	0.057	0
F_3	0.145	0.299	0.301	0.105	0
	0.115	0.209	0.356	0.105	0.027
	0.089	0.171	0.359	0.258	0.034

基于 S_1 在 F_0—F_3 情况下的 120 组诊断证据样本，由式（5.41）可得

$$\text{TotalDist}(S_1) = \alpha_1^2 - 0.113\alpha_2 + 1.187$$

最小化上式，得 $\alpha_1 = 0.056$，由式（5.42）得 $\alpha_1^s = 0.056$。同理，对于 S_2 和 S_3 可求得 $\alpha_2^s = 0.284$，$\alpha_3^s = 0.175$。由静态折扣因子可以看出传感器 S_1 比传感器 S_2、S_3 可靠。

在实际的热分析加热炉腔温度场准确度辨识与验证上，这就要求该系统能够充分利用已知的经验和传感器所测参数，对这些参数进行融合，提取出所需信息，并找出它们与给定温度控制信号之间的关联性，同时系统还要具有相当的泛化能力，能够对未知因素引起的温度变化进行判断。

在进行热分析仪炉腔温度场的精密检测与控制的缺陷分析中，实践应用了仪器柔性集成系统的仪器精度评价方法，通过引入了信息融合技术，采用基于 Pignistic 概率证据理论的静态修正，提出了一种炉腔内温度场热流分布特征的不确定度评价方法。针对炉腔均温区的分布缺陷模式，建立了热分析仪信号获取与不确定性评价体系，分析得到了影响温度场的热分布特性的参数变量以及影响形式。通过实验验证表明，该方法能够可靠评价热分析仪测量精度的不确定度与准确性。

5.3 本章小结

从分析评价仪器柔性集成系统实际柔性化集成研发能力出发，在仪器柔性集成系统的"功能评价"运行环节，提出多属性综合评价方法，从功能评价角度出发分析了仪器柔性集成系统所包含的综合评价体系，提供了针对柔性集成研发新仪器产品的精度评价方法，并实际验证了评价方法的有效性。主要研究结论如下：

（1）建立了基于小波网络的综合评价模型。通过小波网络学习，得到被评价对象的专家知识，从而建立由评价指标属性值到输出综合评价值的非线性映射关系。

（2）采用 Morlet 母小波，将仪器柔性集成系统的评价样本 k 所对应的指标属性值向量 $\{r_k(i)\}$ 作为小波网络的输入，与之对应的综合评价值 $\hat{y}_k$ 作为网络的期望输出。通过调整小波网络参数 w_{ij}，r_j，b_j，a_j，能够以较快的收敛速度完成对系统的综合评价。仪器柔性集成系统往往难以给出具体的指标权重，通过实例应用表明，采用小波网络构建综合评价方法较好地完成了对系统多属性评价。

（3）提出了最大误差法、概率计算法和综合计算法三种评判仪器精度误差的计算方法，以计量与标定的方法对集成研发的新产品所能达到的精度进行综合评价；通过引入信息融合技术，采用基于 Pignistic 概率证据理论的静态修正，提出了一种炉腔内温度场热流分布特征的不确定度评价方法，实现了对仪器产品二次重构集成优化。

第 6 章　仪器柔性集成系统的典型实验研究

基于构建的仪器柔性集成系统，进行了典型光机电一体化仪器系统的柔性集成实验研究，验证了集成系统的柔性化、层次化、集成化能力，以及集成系统开发仪器产品的适用面与有效性。

实验研究了典型虚拟仪器系统的研发，实现了柔性化可重构虚拟控件的柔性互联与快速集成，验证了仪器柔性集成系统研发虚拟仪器的可靠性；实验研究了典型测色仪器系统的研发，将仪器柔性集成系统的硬件装置与软件支撑环境进行了有机融合，快速实现了系统集成，并通过评价体系对技术指标进行了精度判定，验证了柔性集成研发典型测色仪器系统的可靠性；实验研究了光栅单色仪器系统的研发，验证了利用集成系统快速实现典型光学测量仪器柔性集成研发的有效性与适用性。

通过系列实验研究，验证了仪器柔性集成系统符合光机电一体化仪器类型产品的集成研发，能够为仪器产品开发提供创新模式，具有快速实现动态衔接开发理论与集成资源柔性互联的智能化功能，仪器柔性集成系统能够成为光机电一体化仪器制造的发展方向。

6.1　典型虚拟仪器系统的柔性集成实验

利用仪器柔性集成系统的柔性化可重构虚拟控件设计技术，进行柔性集成研发典型虚拟仪器系统的实验，实验验证了集成系统在以虚拟仪器技术为核心的仪器产品中的集成研发能力。

6.1.1　典型虚拟仪器实验系统设计

所研发的典型虚拟仪器系统为热分析仪器实验系统，该系统是用来研究物质在受热和冷却时产生的物理和化学的变迁速率和温度及所涉及的能量和质量变化之间关系的一种精密分析系统。为了提高热分析仪器实验系统实验数据的准确性，实验过程控制的多元化，以及输出曲线分析处理的简单方便多样化，采用仪器柔性集成系统的柔性集成资源：虚拟仪器技术、信号获取资源、信号处理资源、硬件资源等实验研究开发该系统。智能控件化虚拟仪器开发系统以NI 公司的 LabVIEW 8.6 为开发平台构建。

热分析仪器实验系统的硬件资源主要由反应炉、电子天平信号、测温控温单元、放大电路、数据采集卡、微机系统、打印机等组成。微型计算机是整个系统的控制中心和数据处理中心。微型计算机中安装由智能控件化虚拟仪器开发系统研究开发的软件系统，包括数据采集系统、数据处理系统及数据输出单元。热分析仪器实验系统组成如图 6.1 所示：

图 6.1　热分析仪器实验系统组成

6.1.2　典型虚拟仪器实验系统集成

根据虚拟仪器技术和软件工程理论的设计思想，利用柔性化可重构虚拟控件，将热分析仪器实验系统进行模块化设计，有利于软件的规范和维护。

1. 仪器模块

此模块是直接面向仪器的测控及分析系统，是整个系统的基础，通过它来实现数据的采集控制、显示仪表、数据分析模块调用等功能。热分析仪器实验系统主要涉及温度控制采集、差热信号采集、热重信号采集、膨胀量信号采集、曲线处理等功能。这些功能模块都提供自身的功能接口，以方便与虚拟控件的柔性互联。

2. 虚拟仪器应用软件模块

应用软件模块是整个热分析仪器实验系统的大脑控制中心。也就是上文所述的虚拟控件，是虚拟仪器开发的重点。通过他实现对各种功能模块的控制和调用，达到对实验系统各种实验环境下特性参数设定、温度智能控制以及系统所需的其他所有功能。如：数据存储、数据显示、数据智能分析、报表打印、仪表显示、曲线跟踪等。应用软件模块是人机交互窗口，针对不同功能模块，不同实验环境，能够快速实现虚拟控件结构特征与调用功能的转变，具有柔性化可重构特点。如图 6.2 所示为热分析仪器实验系统应用软件模块的总体结构和功能框图。

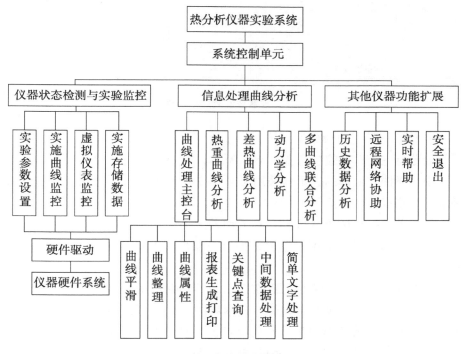

图 6.2　总体结构和功能框图

（1）参数设置虚拟控件

参数设置虚拟控件如图 6.3 所示，该控件完成对整个试验采样前的数据管理。完成设置后，参数设置虚拟控件根据环境温度、仪器常数、炉体温度、试样质量等不定因素进行智能化计算并调节仪器采样特性，实现准确可靠数据采集，柔性集成的控温方法为"第 4 章 4.1 节"所述"面向温控仪器的多级递阶智能控制的柔性集成"。

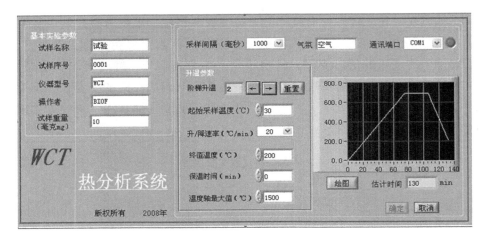

图 6.3　参数设置虚拟控件

（2）信号分析主控台虚拟控件

信号分析主控台虚拟控件如图 6.4 所示，图中 4 条曲线分别代表不同的含义。其中用于曲线处理的显示器采用了"第 3 章 3.5 节"所述的"可重构虚拟控件的柔性集成设计方法"。

虚拟仪器的基本试验参数显示在界面的上方。显示器的横轴与纵轴可以通过"布尔型"虚拟控件实时变换显示时间、温度、差热、热重、热重微分等曲线坐标。

显示器作图区域以及边框可以实时适应不同曲线的处理过程，始终保证曲线分析界面的整洁、合理与可视性。显示器的背景也可以根据需要通过"背景调整虚拟控件"进行重新设置。针对显示器中显示的不同类型曲线，信号分析虚拟控件提供了"曲线颜色""坐标范围""显示方式""初始化""曲线平滑"等扩展接口。曲线平滑方式可以根据不同曲线特征自动选择采用"第 4 章 4.3节"所述的仪器系统校正、曲线滤波去噪等方法。并可以通过弹出的对话框中二级扩展接口："无"、"1 级平滑"、"2 级平滑"、"3 级平滑"、"4 级平滑"及"5 级平滑"选择滤波参数深度。

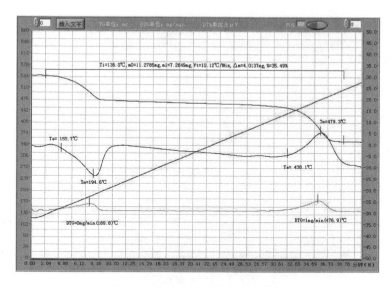

图 6.4　信号分析主控台虚拟控件

（3）DTA 虚拟控件

利用智能控件化虚拟仪器开发系统建立 DTA 图形化虚拟控件，利用鼠标实现对柔性化可重构虚拟控件的操控。不但提供信号的获取、调整、打印输出等功能扩展接口，还能够提供对 DTA 信号的处理处理，如：计算 DTA 信号峰值、外推起始温度点、峰面积等。由智能控件化虚拟仪器开发系统的建立的 DTA 虚拟控件不但简单直观，还将横坐标的时间标定与显示器的像素点分离，实现了无级缩放曲线功能，满足了各种数学分析过程，有很大的参考价值。以草酸钙吸热峰 DTA 曲线为例，如图 6.5 所示为曲线进行分析处理后的 DTA 虚拟控件显示。

此时对曲线线段做 DTA 分析，除得到峰高温度、外推起始点温度数据以外，还可以通过曲线分析得到反应峰面积（连线法或垂线法）、反应热熔 Q 值（应先计算仪器常熟 K——通过直接输入法或曲线拟合法得到）等。具体方法实验举例如下：

选择锌（Zn）、锡（Sn）、铅（Pb）三种金属样品，首先，确定锌质量 20mg，反应热熔 Q 值为 59.2J；锡质量 10mg，反应热熔 Q 为 112J；铅质量 50mg，根据需要计算出其反应热熔 Q 值。

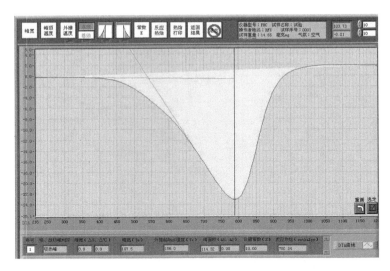

图 6.5 DTA 虚拟控件

①通过 DTA 采样，得到上述三种样品的 DTA 信号，进一步处理数据得到外推起始点温度（T）以及反应峰面积（A）。

②通过对 Pb 的曲线进行 DTA 处理，得到外推起始点温度（T）和峰面积（A）；再由"K 值计算虚拟控件接口"调用仪器常数 K 值功能模块。

③通过"布尔型"虚拟控件调用"反应热焓值 Q 计算功能模块"即能求出 Pb 的反应热焓 $Q = 23.15J$。

"DTA 曲线分析虚拟控件"提供的扩展接口可以与"数据输出单元"的虚拟控件通信，实现各种分析步骤下曲线报表的输出，如"DTA 分析报告"、"热焓分析报表"、"多曲线分析报告"等。

（4）动力学分析虚拟控件

动力学分析虚拟控件如图 6.6 所示。

通过目录"选择路径"控件接口，调出动力学分析曲线，分别利用表格中提供的 Kissinger 算法、OZAWA 算法和多升温速率法进行活化能计算，可以针对不同的实验对象进行动力学计算。

热分析仪器实验系统还集成研发了其他许多虚拟控件，分别对应不同的仪器功能，如："实验数据存储""实验监控""热重曲线分析""远程数据分析""实时帮助"等虚拟仪器控件。

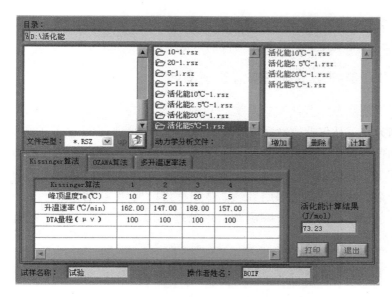

图 6.6　动力学分析虚拟控件

利用仪器柔性集成系统的柔性机制与集成机制，很好地实现了虚拟控件与功能模块的分离。而在研究开发热分析仪器实验系统时，利用集成系统的柔性体系结构又很好地实现了虚拟控件与仪器功能模块的有机融合，从而达到快速集成研发基于虚拟仪器技术热分析仪器实验系统的目的，有效验证了仪器柔性集成系统在实现虚拟仪器研发方面的柔性集成能力。

6.2　典型测色仪器系统的柔性集成实验

利用仪器柔性集成系统提供的新型微处理器开发单元、光电分析处理模块、信号智能分析处理模块以及相关仪器开发装备，进行了测色色差计系统的柔性集成实验。

测色色差计系统是典型的光机电一体化仪器，利用仪器柔性集成系统对其进行柔性化集成研发的实验研究，能够反映集成系统在研发高精度光机电一体化仪器产品方面的能力，具有典型性研究价值。而且，目前国内生产测色仪器的厂家不多，形成规模的也很少，仪器测量精度低，测量稳定性不高，操作步骤繁琐，仪器显示界面多为英文界面，显示数据量小，使用起来很不方便。利用实验研究柔性集成研发具有高精度、智能化、集成化、小型化等特点的智能测色色差计将能验证集成系统作为仪器研发本体的先进性。

6.2.1 典型测色仪器实验系统设计

根据智能测色色差计实验系统的功能要求，利用"第2章2.1节"所述的集成机制方法，从仪器柔性集成系统的硬件资源中快速搜寻查找有效开发资源。如：因测色色差计实验系统的测量条件需要$0/d$，D65光源；则有效的照明光源可采用6V/10W卤钨灯；实验系统需要实现与PC机相连，实现配色功能，结合测色信号数据特点，则可采用RS$-$232串行接口与PC机通信等。

测色色差计是由照明、探测和数据处理三部分组成，其系统组成框图如图6.7所示。

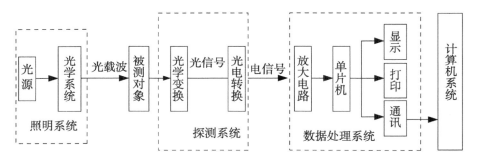

图6.7　测色色差计系统组成框图

照明系统是由光源和光学系统组成，光源选用发光效率较高且光通量稳定的卤钨灯，光学系统由透镜和隔热玻璃组成。光源发出的光经过凸透镜后变成平行光，经隔热玻璃滤掉红外和紫外部分后作为载波作用于被测对象。探测系统是由光学变换和光电转换两部分组成，光学变换是通过光接收器（积分球）实现；光信号被光电探测器接收后转换电信号。数据处理系统包括放大电路、A/D转换、中央处理器、显示、打印等数据输出；低温漂、低噪声、高精度集成运算放大器组成的放大电路保证信号不失真，片内12位SAR_ADC的C8051F020微控制器处理数据，然后通过液晶显示和打印输出各种色度数据。

10°视场、D65光源条件下，具有$\overline{X}_r(\lambda)$、$\overline{Y}(\lambda)$、$\overline{Z}(\lambda)$匹配的三个探测器的仪器响应值与三刺激值的关系如下：

$$X_{10} = K_{x_r 10} R_r + K_{b10} B$$
$$Y_{10} = G$$
$$Z_{10} = K_{z10} B \qquad\qquad (6.1)$$

式（6.1）中：

$K_{x_r 10}$，K_{b10}，K_{z10}——仪器测色校准系数；

R_r，G，B——仪器各探测器的响应值。

仪器满足"测色色差计"中华人民共和国机械行业标准（JB/T 5595 - 91），而且达到了"测色色差计"中华人民共和国国家计量检定规程（JJG 595 - 2002）的国家一等品要求。测色色差计的具体功能为：能够测量物体表面色的绝对值（$X_{10} Y_{10} Z_{10}$，$x_{10} y_{10} z_{10}$，$L*a*b*$）、色差值（ΔE^*，ΔL，ΔA，ΔB，ΔH，ΔC）；还可以测量其他颜色计量参数：白度值（W—甘茨白度，亨特白度，蓝光白度，建筑白度，陶瓷白度）、黄度指数（Y_i）值、彩度值（C）及调色值（H）等。

测色色差计采用光机电算一体化技术，通过仪器柔性集成系统来提升仪器的数字化、智能化和自动化水平。用集成系统的柔性体系结构、柔性互联及运行机制实现各关键功能部件的集成研发，利用光学探测系统完成仪器智能测配色功能，利用曲线拟合及小波阈值去噪方法对系统误差进行非线性校正。

6.2.2　典型测色仪器光电实验系统集成

在测色色差计实验系统中，照明系统和探测系统组成光电系统如图 6.8 所示，光电系统主要应用于产生所需要的光载波、光学变换和光电转换；它是实验系统的关键环节。根据光电探测器的特性进行光电系统的柔性化集成设计。

由于硅光电池具有灵敏度高，稳定性好，光谱范围较宽（含可见光谱），且经久耐用的特点，选用型号为 2CR111 的硅光电池，其光谱范围 400—1100nm，峰值波长是 880nm，积分灵敏度为 6—8mA/LX，使用温度不能超过 125°C。室温 25°C，2850K 钨灯、1000LX 测试条件下探测器光谱相应曲线如图 6.9 所示。

测色色差计实验系统的光源光谱分布曲线与探测器的光谱响应相匹配，这样不仅节省能量，而且能提高输入信号的信噪比。按集成最优化目标，选择采用卤钨灯做光源。能够保证柔性集成测色色差计对光源所要求的体积小、辐射光谱范围宽（300—3000nm）、工作温度高（3000—3200K）、发光效率高、光通量稳定等。

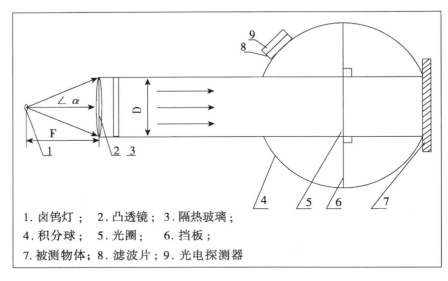

1.卤钨灯； 2.凸透镜； 3.隔热玻璃；
4.积分球； 5.光圈； 6.挡板；
7.被测物体；8.滤波片；9.光电探测器

图6.8　测色仪光电系统

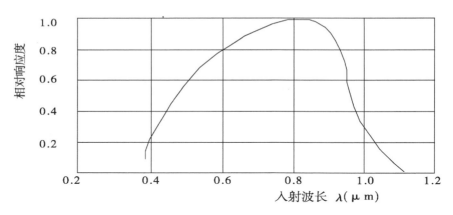

图6.9　2CR111 的光谱响应曲线

光电探测器在红外和紫外波段都有响应，为了避免严重的测量误差，滤色器必须截止这些波段的响应。通过采用在光源和被测物体之间放置隔热玻璃的方法，大大降低了红外和紫外波段对测量精度的影响。隔热玻璃是略带蓝绿色接近于无色的玻璃，它们不显著地吸收可见光，而大量吸收产生热量的近红外光线，降低器件的工作温度。而且还可以截止部分紫外波段。

如图6.10 所示为常用隔热玻璃 GRB1、GRB3 （GRB1 厚度 3mm、GRB3 厚

度2mm)的光通量曲线。实验采用集成的方法将不同型号、不同厚度的滤色玻璃进行光通量比较,根据光电探测通道要求,按可见光光通量最优定义柔性集成目标函数,最终得到各种测试条件下所采用的隔离玻璃型号与厚度。

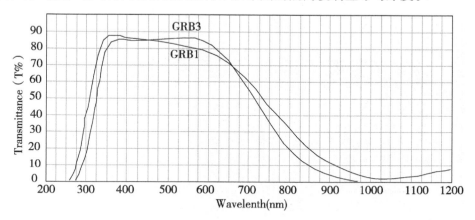

图 6.10 隔热玻璃透过特性曲线

在测色仪器系统中,仪器测量的精度主要取决于仪器符合卢瑟条件的程度。在仪器照明条件、照明和观测条件及光学系统元件确定条件下,实验系统选用串联式滤色器结构来获得透过特性曲线,其结构图如图 6.11 所示。用此结构匹配的滤色器能够既能保证精度要求,而且还容易快速柔性集成匹配。

测色色差计实验系统选定的标准照明体 $D65$ 的相对光谱功率分布 $SD(\lambda)$ 和 $10°$ 视场色匹配函数 $\bar{x}_{10}(\lambda)$、$\bar{y}_{10}(\lambda)$、$\bar{z}_{10}(\lambda)$ 是已知的,而实验系统光源相对光谱功率分布 $S(\lambda)$、隔热玻璃的透过率 $\tau_r(\lambda)$ 和探测器未加修正前的相对光谱响应度 $\gamma(\lambda)$ 都可以用仪器测定,所以,滤色器的光谱透过率为:

$$\tau_x(\lambda) = SD(\lambda)\bar{x}_{10}(\lambda) / [K_x S(\lambda)\gamma(\lambda)\tau_r(\lambda)]$$

$$\tau_y(\lambda) = SD(\lambda)\bar{y}_{10}(\lambda) / [K_y S(\lambda)\gamma(\lambda)\tau_r(\lambda)]$$

$$\tau_z(\lambda) = SD(\lambda)\bar{z}_{10}(\lambda) / [K_z S(\lambda)\gamma(\lambda)\tau_r(\lambda)] \tag{6.2}$$

滤色器总光谱透过率曲线如图 6.12 所示:

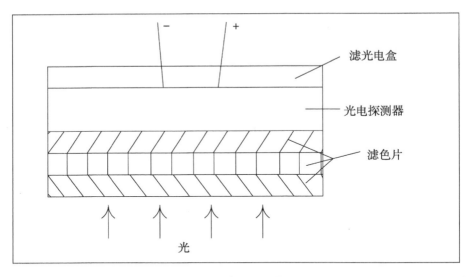

图 6.11　滤色器结构图

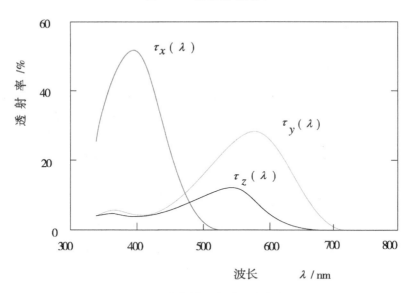

图 6.12　滤色器总光谱透过率曲线

6.2.3　典型测色仪器软件实验系统集成

软件系统设计是仪器柔性集成的重要环节，是实现仪器功能的重要保证。

测色色差计实验系统采用基于嵌入式单片机嵌入 μC/OS - II 操作系统，使用 C51 编写系统软件，实现实验系统的各种功能，提高系统的易用性，功能的可扩展性及可升级性。同时柔性集成开发基于 PC 机的测配色软件系统，以扩充仪器功能和性能。

1. 仪器测控系统的集成

测色色差计实验系统的功能实现比较复杂，因此在系统中嵌入 μC/OS - II 操作系统实现对整个系统的管理。主要实现的子功能包括：数据采集子任务、液晶显示任务、打印管理任务、按键处理任务、实时时间显示任务、上位机通讯任务、数据编辑任务以及系统测试任务等。软件系统结构如图 6.13 所示。

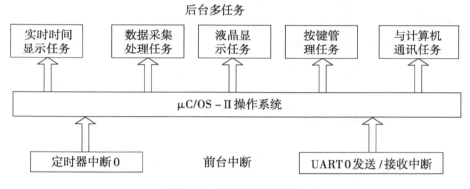

图 6.13 软件系统结构图

测色色差计实验系统在进行测量实验之前，要对实验系统进行预热、调零、调白。校正滤色器的光谱透射比满足卢瑟条件时，则各探测器的电信号就正比于物体色的三刺激值，这样可以计算物体色的三刺激值：

$$U_M = \frac{V_M - V_Z}{V_W - V_Z} U_W \tag{6.3}$$

式（6.3）中：

U_M——测量的刺激值（X_r, Y, Z）；

U_W——标准色板的刺激值（X_r, Y, Z），为已知量；

V_M——对被测样品的采样值；

V_Z——对黑筒的采样值；

V_W——对标准色板的采样值。

计算出物体色三刺激值之后，进行非线性校正柔性集成，这样就可以得到显示的三刺激值。得到三刺激值后，可以按测色原理计算各种色度数据。系统实现标准白色板数据更新、白度测量和色度测量的切换，而且能够打印显示的各种数据。

2. 仪器软件操作系统的集成

仪器软件操作系统程序流程如图 6.14 所示。

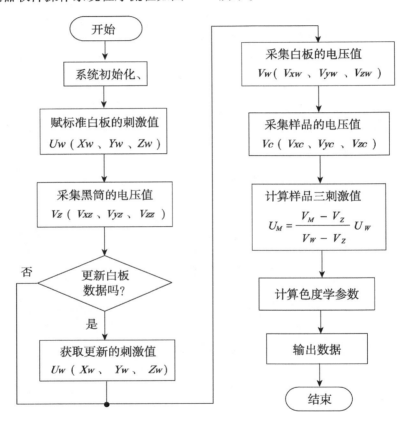

图 6.14　仪器软件操作系统程序流程

仪器软件操作系统采用 Microsoft 的 VisualC＋＋ 6.0 进行集成开发。集成操作环境的布局采用类似于 VisualStudio 6.0 的环境界面，界面集成度高，控制与显示采用分割视图的方式进行显示，左视图主要完成测色仪系统的控制，右视图主要完成电压三刺激值、温度及曲线绘制等信息输出，人机交互操作方便，能实现多曲线分析及多页面切换。柔性集成仪器操作系统可以将采集的数据以多种格式进行保存，方便数据与其他软件系统的信息互联与数据共享。仪器软件系统操作界面如图 6.15 所示，可以设置选择串口、测试时间、测试时间间隔、调零、调白、开始测试、参数设置及保存文本等。

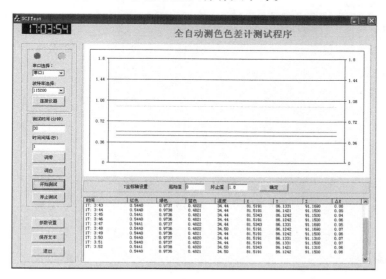

图 6.15　仪器软件系统操作界面

6.2.4　典型测色仪器实验系统技术评价

国家计量检定规程 JJG595—2002《测色色差计检定规程》用于对测色色差计的性能检测及评价，其中分别对测色色差计的外观、照明与观测条件以及计量性能等规定了具体的要求。根据相关标准，测色色差计实验系统采用 0/d 的照明与观测几何条件以及各主要功能模块均符合国标规定的仪器外观及照明与观测条件的要求。这样，可以根据国家标准的具体要求，检验实验系统的具体性能指标。

根据国家标准检定规程，在仪器预热完毕并进行定标后，对由中国计量科学研究院提供的标准白板进行了 8 次实际测色计量，其在 CEI1964（10°视场）标准色度系统中的结果数据如表 6.1 所示。

由上述稳定性、重复性和示值误差的定义，根据表 6.1 的实际测试数据，通过计算和分析可以得出测色色差计实验系统的颜色计量性能评价指标如表 6.2 所示：

表 6.1 标准白板色度参数测试结果

色度参数		X	Y	Z	x	y
标准白板		82.63	87.16	92.15	0.3155	0.3327
测试结果	1	82.64	87.16	92.17	0.3154	0.3326
	2	82.63	87.15	92.18	0.3156	0.3327
	3	82.64	87.14	92.15	0.3154	0.3325
	4	82.63	87.13	92.17	0.3155	0.3328
	5	82.64	87.14	92.11	0.3156	0.3324
	6	82.64	87.15	92.12	0.3154	0.3326
	7	82.64	87.16	92.20	0.3155	0.3327
	8	82.61	87.12	92.19	0.3155	0.3325
测量平均值		82.64	87.14	92.16	0.3155	0.3326

表 6.2 测色色差计实验系统颜色计量性能评价指标

稳定性	重复性	示值误差（准确性）
$\Delta h\ (y)\ =0.05$	$S\ (Y)\ =0.01$ $s\ (s)\ =0.0001$ $s\ (y)\ =0.0000$ $s\ (\Delta E) =0.04$	$\Delta Y=0.03$ $\Delta x=0.0000$ $\Delta y=0.001$

可见，从对标准白板的测试结果来看，实验系统的各项检定指标均优于国标规定的一级测色色差计的相关要求。

下面，对测色色差计实验系统在各个不同色区的相关技术参数进行检测。

根据测色色差计的检定规程，分别采用红、绿、蓝、黄等标准色板（其标准色度参数如表 6.3 所示），按照对标准白板相同的测试方法和步骤进行实际测试后，经过计算和分析，得到测色色差计实验系统对各标准色板的测试结果及重复性和示值误差（准确性）的检定结果，其详细数据分别列于表 6.4，表 6.5 和表 6.6 中。

表 6.3　标准五色板色度参数表

	白（W）	红（R）	绿（G）	黑（B）	黄（Y）
X	73.86	20.18	11.98	17.56	60.95
Y	78.04	10.91	19.55	23.86	64.76
Z	82.75	2.41	12.1	43.37	16.34
x	0.3148	0.6024	0.2746	0.2071	0.4291
y	0.3326	0.3257	0.4481	0.2814	0.4559

表 6.4　标准五色板的测试结果

	白（W）	红（R）	绿（G）	蓝（B）	黄（Y）
X	73.75	20.45	11.68	17.26	60.84
Y	77.96	10.78	19.45	23.45	64.56
Z	82.35	2.36	12.00	43.38	16.10
X	0.3125	0.6010	0.2731	0.2066	0.4215
Y	0.3310	0.3225	0.4475	0.2805	0.4576

表 6.5　标准色板重复性测试结果

标准色板	$S(Y)$	$S(x)$	$S(y)$	$S(\Delta E)$
红（R）	0.0138	0.0007	0.0008	0.1574
绿（G）	0.0091	0.0005	0.0003	0.1906
蓝（B）	0.0106	0.0001	0.0001	0.0147
黄（Y）	0.0158	0.0003	0.0003	0.1521
最大值（max）	0.0158	0.0007	0.0008	0.1906
平均值（avg）	0.0127	0.0004	0.0004	0.1287

表 6.6　标准色板示值误差（准确性）测试结果

标准色板	ΔY	Δx	Δy
红（R）	0.80	0.006	0.02
绿（G）	0.42	0.0112	0.0059

标准色板	ΔY	Δx	Δy
蓝（B）	1.08	0.0023	0.0030
黄（Y）	1.25	0.0023	0.0047
最大值（max）	1.25	0.0111	0.02
平均值（avg）	0.8826	0.00545	0.0084

由表 6.4 的数据可以得知，实验系统在测量标准五色板时，测得的色度值与标准色度板参考值比较，其测量精度高；由表 6.5 的数据可以得知，实验系统在各色区的测量重复性为 $s(Y)\leqslant0.015$、$s(x)\leqslant0.0007$、$s(y)\leqslant0.0008$、$s(\Delta E)\leqslant0.1906$，而从表 6.6 的数据可以得知，在各个色区的示值误差（测量准确性）为 $\Delta Y\leqslant1.25$、$\Delta x\leqslant0.0111$、$\Delta y\leqslant0.02$，实验系统的各项指标达到了一级测色色差计的水平，采用仪器柔性集成系统能够快速实现典型测色仪器系统的集成开发。

6.3　典型光电仪器系统的柔性集成实验

利用仪器柔性集成系统提供的新型微处理器开发单元、光学处理模块、数据处理及智能分析方法、虚拟仪器以及配套仪器开发装备等相关集成资源，完成了基于虚拟仪器的光栅单色仪系统的集成实验研究。

光栅单色仪是一种对光子能量或波长进行高分辨分析和选择的光学仪器，是光学和光电子领域从事研究的基础光谱分析和测量仪器。目前光栅单色仪正在向高速、微量、小型和低杂散光、低噪声的方向发展。计算机技术、微控制器技术、光电子技术等的快速发展为进一步研发智能型光栅单色仪提供很大的发展空间。

6.3.1　典型光电仪器实验系统设计

根据虚拟仪器技术光栅单色仪系统的功能需求和国家对光栅单色仪系统的相关技术指标要求，利用"第 2 章 2.1 节"所述的集成机制，从仪器柔性集成系统的硬件资源中快速搜寻查找有效开发资源。如：实验系统集成了电机微步细分控制机构、微机控制自动更换光栅结构、柔性功能扩展接口（可同时连接光电倍增管、固体探测器等两个以上探测器）等，实现快速柔性集成新型光栅单色仪器，且该仪器需具备高精度、智能化、集成化、小型化等特点。

　　光栅单色仪控制模块通过计算机实现对光栅转台、滤色片轮及出射方向反光镜的自动控制，实现对出射单色光能量的采集。光栅转台控制采用 64 细分的步进电机驱动蜗轮蜗杆机构实现光栅转动最小分辨率为 0.01nm 的要求，滤色片轮及反光镜的控制采用步进电机进行驱动。根据实际需要，以嵌入式高速混合 SoC 处理器为核心建立数据控制模块及采集模块，采用嵌入式 μC/OS – Ⅱ 实时多任务操作系统实现整个仪器系统的管理。控制模块主要负责通过 USB 接口接受计算机的控制信息及将采集的光谱信息上传到计算机，根据接收到的控制信息控制步进电机的运行。该模块要求有开机初始化功能，开机时自动将光栅转台、滤色片及反光镜归零位。数据采集分别包含以光电倍增管和铟镓砷为核心传感器的两套采集模块，分别利用光电倍增管传感器采集可见光，利用铟镓砷传感器采集红外不可见光，两套模块由仪器软件系统进行自动识别。计算机软件系统采用虚拟仪器柔性化集成开发，不仅能同时具有控制及扫描功能，将扫描数据实时绘制成曲线显示，还可根据需要将扫描数据以 Excel、文本文件等格式导出，实现与其他分析软件的数据共享，便于用户的进一步分析处理。

　　仪器系统结构如图 6.16 所示，主要由单色分光系统、入射狭缝、变焦系统、滤光片组、光栅转台、球面镜组、接收系统、控制系统、计算机、打印机组成。

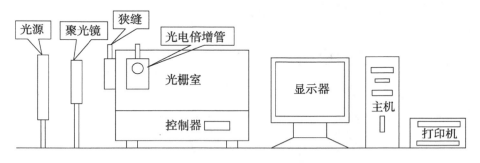

图 6.16　基于嵌入式控制系统的光栅单色仪组成图

　　其中光栅单色仪结构是由上下两箱体组成，分别为光栅室与控制器。光栅室主要由箱体内侧的一个入射狭缝、两个出射狭缝、滤色片组、两个凹面镜、光栅转台及反光镜等组成，一个出射狭缝安装 CCD 或光电倍增管接收器，并在

CCD 连接处加上一个变焦系统；另一个出射狭缝安装铟镓砷或硫化铅接收。在两个出射狭缝之间安装一个小反光镜，使用步进电机驱动反光镜选择单色光的出射方向。滤光片组安装在入射狭缝处，通过步进电机控制滤光片轮旋转选择需要的滤光片。两个球面镜主要实现光线的聚焦和反射。光栅转台由步进电机加蜗轮蜗杆进行驱动，实现对入射光的色散作用。控制器内主要由嵌入式控制电路板，步进电机驱动器以及电源等组成。

6.3.2 典型光电仪器硬件实验系统集成

光栅单色仪的控制系统主要由硬件系统及软件系统组成。硬件系统主要包括各个步进电机驱动和控制、光谱数据采集以及与计算机的数据通信等功能模块。硬件系统的总体结构如图 6.17 所示：

1. 嵌入式微控制器选择

采用与"第 6 章 6.2 节"所述集成研发测色色差计实验系统相同的 C8051F020 单片机，通过仪器柔性集成系统提供的集成化柔性化技术，对控制模块做对象与结构上的调整与集成，能够快速实现光栅单色仪控制系统的设计。

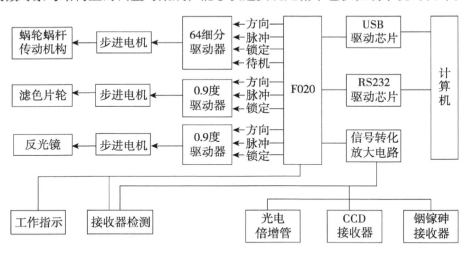

图 6.17　硬件系统结构

2. 步进电机及驱动器选择

光栅单色仪要达到最小波长间隔 0.01nm 的细分要求，需要细分功能的步进电机配合蜗轮蜗杆的进一步细分来实现，因此选择合理步进电机及细分电机驱动器是满足设计要求的关键。光栅单色仪中的狭缝和样品池，电源反光镜及斩波器等集成了 SMD 公司的 42YG404；光源切换及斩波器集成了 SMD 的 AD35 - 02M。集成的驱动电路改善了电流波形，有续流功能，且具有电路简单、可靠、功耗低、效率高等特点。

控制步进电机的运行采用点位控制系统，从起点至终点的运行速度都有一定要求。为避免直接启动会出现丢步以及直接停止运转会发生过冲现象。在实际步进电机速度控制过程中，柔性集成了一种"加速——恒速——减速——（低恒速）——停止"的优化控制方法。系统在执行升降速的控制过程中，对加减速的控制需要优化下列数据：加减速斜率、升速过程总步数、恒速运行总步数、减速运行总步数等。

6.3.3　典型光电仪器软件实验系统集成

光栅单色仪是根据物质对光的选择性吸收现象来进行定性或定量测量，需要采用光电传感器采集单色光照射前的能量及照射后的能量信号并转换成电信号，然后经过放大滤波，数模转换后由计算机进行计算处理，如图 6.18 所示。

图 6.18　信号采集处理框图

光栅单色仪的系统控制是通过下层的嵌入式控制系统软件以及计算机集成操作软件一起完成的。所以系统软件集成设计包括下层嵌入式控制系统软件的设计以及计算机集成操作软件的设计两部分。下层嵌入式控制系统负责对各个电机的控制、运行指示、与计算机集成操作软件的通讯以及信号采集等任务，考虑到实时性及速度的要求，采用嵌入式 μC/OS - II 操作系统完成对整个系统的管理。计算机集成操作软件包括 USB 通讯驱动软件、控制模块、扫描模块、曲线绘制模块等。

光栅单色仪的下层嵌入式控制系统软件由 μC/OS - II 操作系统开发，实现对整个系统的管理。主要实现的子功能包括：光栅电机驱动模块、滤色片电机驱动模块、反光镜电机驱动模块、USB 驱动模块、工作指示模块、数据采集模块等。控制系统软件结构如图 6.19 所示。

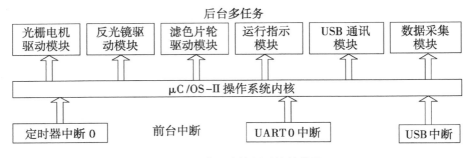

图 6.19 嵌入式控制系统结构图

控制系统软件实现的功能包括光栅单色仪的初始化、步进电机的控制、数据采集、Flash 参数的读取、和上位机的数据通信等。在测控系统中上位机是数据流控制方；计算机集成操作软件采用结构化设计和模块化编程相结合的软件设计方法。根据光栅单色仪系统的功能要求和总体集成设计思想，计算机集成操作软件的功能结构框图如图 6.20 所示。

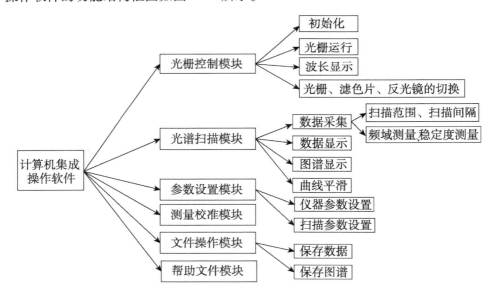

图 6.20 计算机集成操作软件的功能结构框图

应用软件主要实现的功能有：波长显示、光栅运转的各种控制、光栅切换、滤色片切换、反光镜切换、扫描采集、数据的处理和显示、曲线的处理和显示、采集参数的设置、仪器参数的显示、出厂设置、恢复出厂设置、密码修改、标定系数校准、帮助文件以及时间显示等。

为了提供软件的柔性化、专业化程度，能与多种操作系统相匹配，光栅单色仪计算机集成操作软件的界面采用了类似于多文档框架窗口，包括菜单栏，工具栏，向导栏，结果输出窗口以及状态栏等。用户可以在菜单栏中选择需要的功能，也可以通过点击工具栏中的图标进行快速操作，菜单栏和工具栏均按照习惯设置，菜单栏中的子项目用下拉式菜单表示，工具栏中的按钮用图形和文字相结合的方式设置，向导栏采用分页结构设置。计算机集成操作软件具有良好的人机交互界面，如图 6.21 所示计算机集成操作软件的主界面。

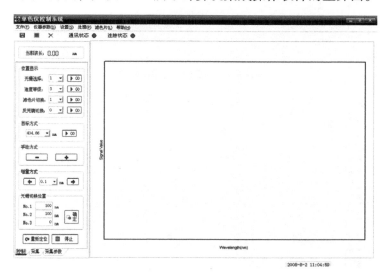

图 6.21　集成操作软件主界面

6.3.4　典型光电仪器实验系统技术评价

在仪器集成开发完成后进行"实验验证"环节时，分别以汞灯、钠灯和钨灯作为光源，进行数据采集与分析，根据特征谱线测试测控系统的性能指标，对测量结果进行技术评价。部分典型测试结果如图 6.22—6.26 所示。

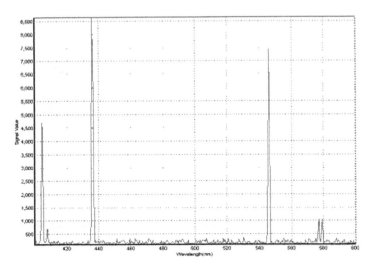

图 6.22　汞灯光谱曲线

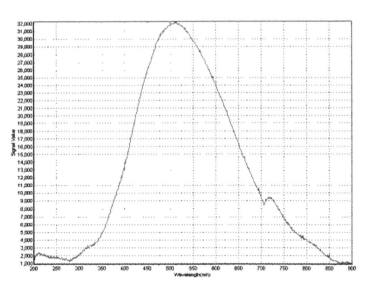

图 6.23　钨灯光谱曲线

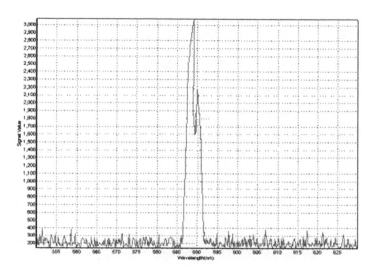

图 6.24　钠灯光谱曲线

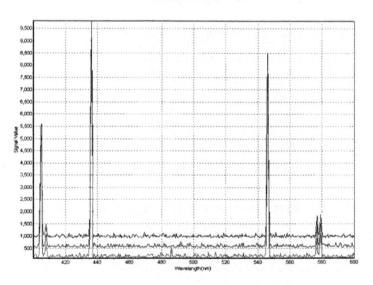

图 6.25　汞灯下多次测量重合性

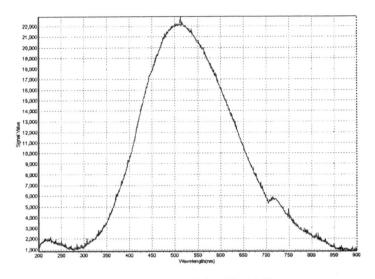

图6.26 钨灯下多次测量重合性

通过对比图6.22—6.24的曲线图谱，得到实验评价结论：

（1）汞灯和钠灯是离散光谱，钨灯是连续光谱（形象地称之为馒头峰）；

（2）图谱出现的峰值和已知的特征谱线非常吻合，其中汞灯有五根谱线404.66nm、435.84nm、546.07nm、576.96nm、和579.07nm（紫光、蓝光、绿光和两条黄光），钠灯有两根谱线588.99nm和589.59nm。

通过对比图6.25和6.26的曲线图谱，得到实验评价结论：

（1）进行多次反复扫描，证明系统具有较高的重复精度和测量精度，误差微小；

（2）软件系统和硬件系统配合非常好，能够准确、迅速地处理光谱数据，绘制光谱曲线图。

6.4 典型光机电一体化仪器系统的柔性集成实验

利用仪器柔性集成系统的网络化协同测控系统柔性集成技术，进行柔性集成研发新型光伏充气膜建筑的自跟踪发电测控系统。该测控系统属于典型光机电一体化仪器系统，柔性集成开发的方法主要是从仪器柔性集成系统的硬件资源中快速搜寻查找有效开发资源。如：实验系统集成了电机微步细分控制机构、自跟踪发电的光伏阵列 MPPT 控制理论、柔性功能扩展接口、传感系统、控制系统、伺服系统以及测控接口系统等设计资源，最终实现快速柔性集成新型光伏充气膜建筑的自跟踪发电测控系统。

6.4.1　自跟踪发电测控系统的系统体系分析

光伏充气膜建筑的自跟踪发电测控系统所要完成的工作越来越复杂，程序越来越庞大，需要管理的外设越来越多，只有拥有稳定工作的硬件基础，开发工作重点才能由原来硬件的调试、软件 DEBUG 转变为对于实际应用系统的性能的提高、智能化软件的编写。此外，只有在一个完整的、具有统一编程规范的操作系统基础上，使用高级语言开发出的应用程序，才可能具有良好的可移植性，提高可重构性。嵌入式多任务操作系统是实现实时自跟踪发电测控系统开发平台的有效途径之一。操作系统与模块化硬件、软件构件化设计结合起来，共同组成一个可以重复利用的软硬件数字系统集成平台，除了可以最大限度地提高开发的效率、减少资源的浪费外，还可以通过长期对于该平台的研究，逐步优化平台软硬件资源，提高其系统，满足日益复杂的应用需求。

典型的基于 Internet 的分布式测控系统，如图 6.27 所示，包括数据库、Web 服务器，现场测控设备、监控设备、交换式以太网（Switch Ethernet）、浏览器等。随着嵌入式系统的发展，现场测控设备（如网络仪表，网络传感器和网络 PLC 等）可以直接接入 Internet 上，并且不仅可以通过通信控制器把现场总线（BACNet、HART 总线、CAN 总线、LonWork 总线等）和以太网连在一起，还可以通过嵌入式网关把一些专用的底层控制网络和以太网连在一起。

嵌入式系统简单来讲是一种用于控制、监测或协助特定机器和设备正常运转的专用计算机系统。它通常由 3 个部分组成，嵌入式处理器、相关的硬件支持设备和嵌入式软件系统。随着网络的地位日益重要，越来越多的应用需要采用支持网络功能的嵌入式系统，因此提出一种自跟踪发电测控系统的嵌入式软件的集成框架的构建方法。

自跟踪发电测控系统的监测控制器，如图 6.28 所示，以嵌入式处理器为核心，外接数据采集模块、网络通信模块、调试接口、USB 接口和 LED 显示等交互接口等。

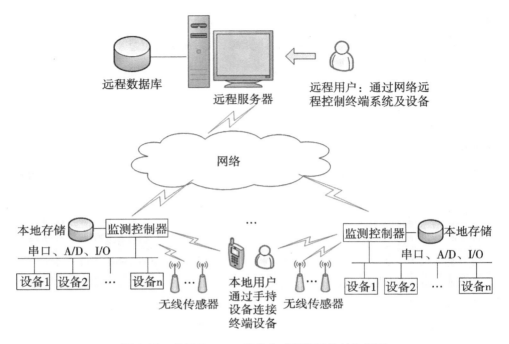

图 6.27　基于 Internet 的分布式测控系统结构框图

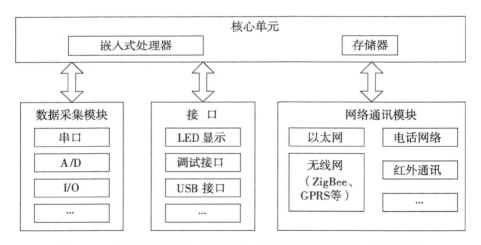

图 6.28　自跟踪发电测控系统的嵌入式监测控制器的硬件系统结构图

如图 6.29 所示，自跟踪发电测控系统的嵌入式监测控制器的软件系统事务处理流程为：

（1）初始化操作：监测控制器启动后，进行系统参数初始化、网络初始化、数据采集口等一系列的初始化操作；

（2）和服务器建立连接：监测控制器初始化完毕后，和服务器建立连接；

（3）事件处理：根据自跟踪发电测控系统的特点，事件处理包括服务器事件处理，完成与远程服务器的命令交互和数据传输；

（4）定时监测类事件处理：对设备进行定时巡检，或按照参数设置对设备进行相关的定时操作；

（5）实时监测类事件处理：对设备实现实时监测，查询设备相关实时数据；

（6）设备异常事件处理：对设备产生的异常状态进行警告、报警、上送等处理，对于网络异常事件处理，保证网络的稳定连接，一旦网络连接出现异常进行相关处理操作。

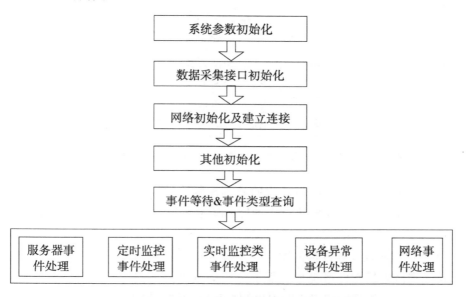

图 6.29　自跟踪发电测控系统的监测控制器的事务处理流程图

根据自跟踪发电测控系统的嵌入式监测控制器的需求和嵌入式系统的典型组成结构分析，嵌入式监测控制器的体系结构，如图 6.30 所示，分为五层：

（1）第一层是自跟踪发电测控系统的监测控制器的嵌入式系统硬件平台支撑环境，提供典型嵌入式处理器以及丰富外设，构建监测控制器的硬件系统；

（2）第二层是由经过裁剪和改造的嵌入式系统内核，板级支持包（BSP）

和硬件设备驱动组成；

（3）第三层是自跟踪发电测控系统的嵌入式监测控制器开发的嵌入式操作系统，该操作系统层为监测控制器的嵌入式软件开发屏蔽了不同硬件平台之间的差异；

（4）第四层是基于底层实现面向应用的服务模块界面管理（GUI）、信号处理、数据管理和接口通讯等；

（5）第五层是自跟踪发电测控系统的监测控制器的嵌入式软件程序开发。

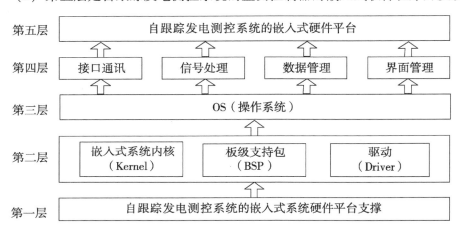

图 6.30　自跟踪发电测控系统的监测控制器的嵌入式系统体系结构

为了实现自跟踪发电测控系统的监测控制器的嵌入式软件开发的平台化和复用性，构建应用构件和框架技术的嵌入式通用软件平台主要步骤，如图 6.31 所示：

（1）构建嵌入式软件构件库

首先在嵌入式软件系统功能需求分析的基础上，进行一系列功能类结构定义和封装，然后构建面向自跟踪发电测控系统领域的嵌入式软件应用构件库；

（2）构建嵌入式软件框架单元模型

接着建立自跟踪发电测控系统的监测控制器的基于构件的嵌入式软件应用框架单元模型，确定可重构集成框架的架构和组成；

（3）构建嵌入式可重构集成框架

最后基于单元模型，利用构件库资源，开发出可重构集成框架，为应用开发提供复用支持。

6.4.2　自跟踪发电测控系统的嵌入式软件构件库的研究

通过分析自跟踪发电测控系统的监测控制器仪器的软件需求，可以得出此类监测控制器具有一些显著的共性，比如 GUI 界面、数据管理、信号处理、接口通讯等，针对这些共性需求，研究面向自跟踪发电测控系统领域的通用构件库，图形用户界面构件库；数据管理构件库；信号处理算法构件库；监测控制器的专用接口构件库等。

嵌入式软件可重构集成框架
嵌入式软件框架元模型
嵌入式软件构件库

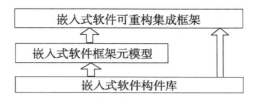

图 6.31　自跟踪发电测控系统的嵌入式通用软件平台

同时，从后续应用软件开发的角度，研究面向典型监测控制器的嵌入式应用软件的专用构件库，提供一些仪器专用接口支持等，如图 6.32 所示。

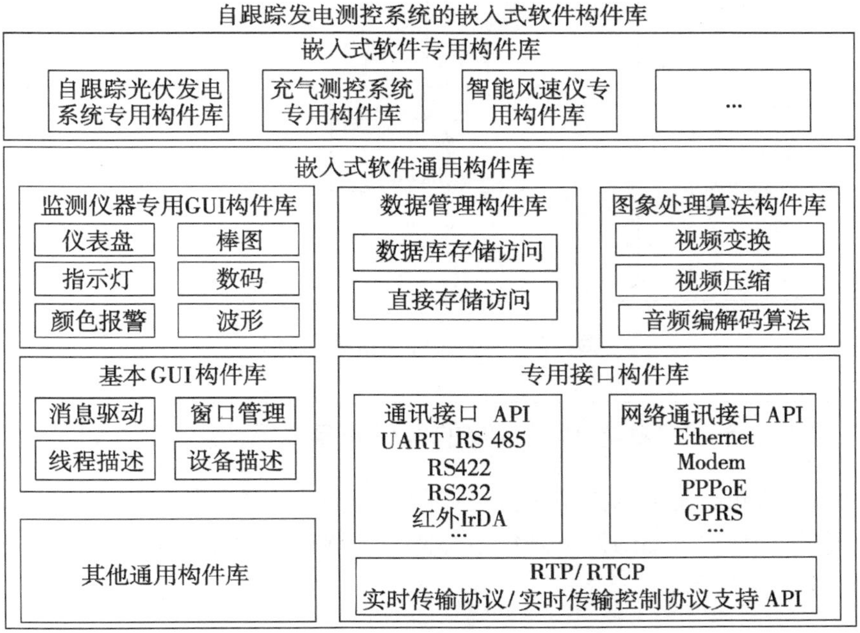

自跟踪发电测控系统的嵌入式软件构件库
嵌入式软件专用构件库
自跟踪光伏发电系统专用构件库
充气测控系统专用构件库
智能风速仪专用构件库
…
嵌入式软件通用构件库
监测仪器专用GUI构件库
仪表盘
棒图
指示灯
数码
颜色报警
波形
数据管理构件库
数据库存储访问
直接存储访问
图象处理算法构件库
视频变换
视频压缩
音频编解码算法
基本GUI构件库
消息驱动
窗口管理
线程描述
设备描述
专用接口构件库
通讯接口 API
UART RS 485
RS422
RS232
红外IrDA
…
网络通讯接口API
Ethernet
Modem
PPPoE
GPRS
…
其他通用构件库
RTP/RTCP
实时传输协议/实时传输控制协议支持 API

图 6.32　自跟踪发电测控系统的监测控制器的嵌入式构件库

通用构件库和专用构件库都基于构件通用模型进行开发实现。嵌入式软件应用构件提供了一组面向应用的功能接口，每一个构件都对应一个功能需求的实现，是一个封装的服务提供者（Service Provided），通过良好的口定义，与其它构件进行协作；同时构件不仅仅是服务提供者，也是一个服务得者（Service Required）。构件除了定义服务外，还包括了构件名（Component ID）、构件描述（Component Info）和构件参数（Component Para）等信息。构件的通用模型，如图6.33所示。

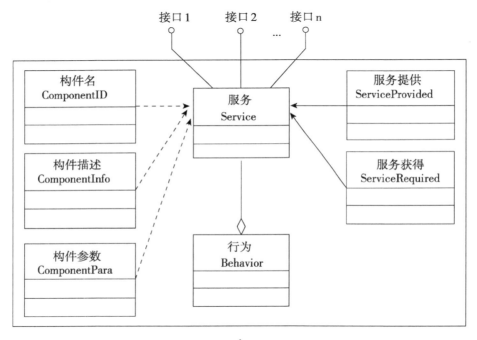

图6.33 构件的通用模型示意图

6.4.3 自跟踪发电测控系统的柔性可重构元模型的研究

通过对自跟踪发电测控系统监测控制器的嵌入式软件体系结构的分析，提出一个基于构件的自跟踪发电测控系统监测控制器的柔性可重构集成框架元模型，如图6.34所示。

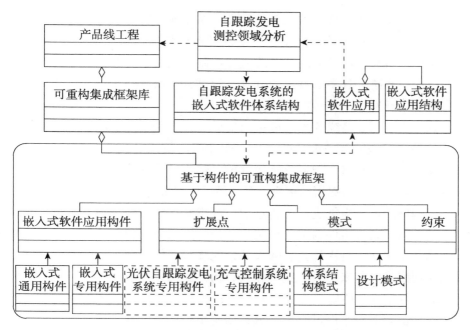

图 6.34 自跟踪发电测控系统的柔性可重构的元模型

在这个框架元模型结构中，边界内是自跟踪发电测控系统监测控制器的可重构集成框架所包含的元类以及元类之间的关系，边界外是一些不属于框架组成部分的元素，也就是边界元素，它们与框架有不可分割的关系。

自跟踪发电测控系统监测控制器的可重构集成框架组成元素包括：构件、扩展点、模式以及约束。

（1）构件：自跟踪发电测控系统的监测控制器嵌入式软件应用构件，包含GUI界面构件、数据管理构件、信号处理算法构件等通用构件和数字化专用接口以及多媒体专用构件等；

（2）扩展点：它体现了构件个体和框架整体上的变化性，保证了框架灵活性，同时还为具体应用进行扩展提供了机制；

（3）模式：包括针对自跟踪发电测控系统特定领域特点的模式，比如体系结构模式；

（4）约束：约束决定了框架的控制流程和扩展限定，还规定了构件与可重构集成框架之间所必须满足的条件和限框架的边界元素包括可重构集成框架所反映的自跟踪发电测控系统特定领域软件体系结构、特定领域软件体系结构依赖的自跟踪发电测控系统领域工程、柔性可重构集成框架所在的应用框架库、应用框架库进行自跟踪发电测控系统监测控制器应用工程开发的软件产品线工程、每个应用系统都具备的特定的软件应用结构，以及基于可重构集成框架进行具体的应用开发。

自跟踪发电测控系统的柔性可重构集成框架的开发是自跟踪发电测控系统领域的软件开发提供复用设计的基础，软件应用框架是整个领域的部分实现，必须反映该领域的特点。领域分析的目的是输出领域模型，而特定领域软件体系结构是针对领域模型提出的解决方案，最后由框架完成的部分实现。

基于构件的可重构集成框架通过接口调用和构件组装等机制，替代对象类中方法的重载，获得构件的不同组装来达到特定的目标行为。这种可重构集成框架结构基于构件，而构件具有强大的性能接口，使得构件的逻辑功能和构件模型的实现都隐藏起来，只要接口相同，构件就可以被替换，从而具有很强的灵活性和可维护性。所以建立在自跟踪发电测控系统的监测控制器的嵌入式软件应用构件基础上的柔性可重构集成框架将更加合理，在基于构件的嵌入式柔性可重构集成框架中，具体的细节实现将由构件来完成，柔性可重构集成框架就成为一个构件容器，不同的构件组合构成不同的可重构集成框架实现。

6.4.4 自跟踪发电测控系统的柔性可重构集成框架的构建

自跟踪发电测控系统的柔性可重构集成框架实现流程，如图 6.35 所示，总体可以分为与平台无关的框架建模和基于平台的框架实现两个步骤。与平台无关的柔性可重构集成建模建立在自跟踪发电测控系统领域需求分析和特定领域体系结构的基础上。建立的框架业务流程模型描述了系统软件的业务模块划分以及模块之间的流程逻辑规则。

框架建模完成后，接着需要在自跟踪发电测控系统嵌入式软件平台上进行代码实现。在平台图形化集成开发环境中添加一类软件应用框架，通过扩展点的配置添加完成柔性可重构集成框架。

在新的框架工程中完成框架业务模块实现，主要是通过调用自跟踪发电测控系统监测控制器嵌入式软件通用构件库的功能接口函数，来实现各个模块的业务功能，并生成相应的图形化模块元素；同时在平台图形化集成开发环境中提供了各种流程逻辑规则，包括顺序、散转、条件和循环等等，根据框架模型提供的业务逻辑选择相应的流程关系。实现的业务模块通过各种流程关系进行框架模块组合，形成适合自跟踪发电测控系统监测控制器嵌入式软件平台的图形化框架。该图形化框架由各个模块组成的，使得框架可以方便地实现结构调整（删除、添加和部分修改等等），对框架的完善和演化有重要意义。

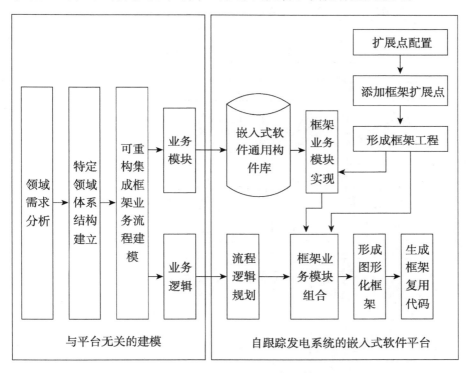

图 6.35　自跟踪发电测控系统的柔性可重构集成框架流程图

6.4.5　自跟踪发电测控的柔性集成研发系统开发

基于自跟踪发电测控的柔性集成理念和运行机制构建自跟踪发电测控的柔性集成研发系统。

自跟踪发电测控的柔性集成研发系统，如图 6.36 所示，是一个多层次的体系结构，包括展示层、应用层、支撑层和资源层。

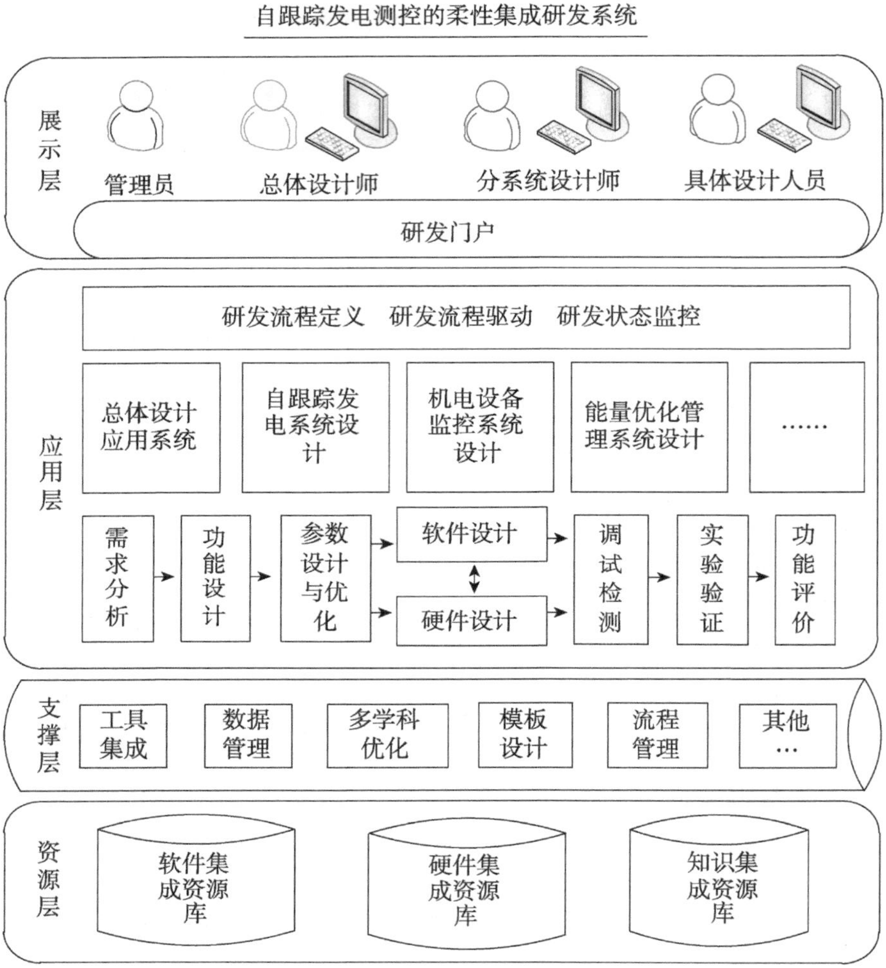

自跟踪发电测控的柔性集成研发系统

图 6.36　自跟踪发电测控的柔性集成研发系统架构

　　自跟踪发电测控的柔性集成研发系统是在基于硬件资源的集成、软件资源的集成和知识资源的集成构建的。它具备系统集成和信息共享的机制，采用了透明信息交换方式，具备接口及总线柔性控制，应用软件可以通过该接口和总线进行信息集成、应用集成，具备网络互联功能，通过网络共享平台的资源；采用了柔性互联的模块化和层次化结构，具有了较强的开放性、扩展性和兼容性，实现研发平台的柔性机制。具体自跟踪发电测控的柔性集成研发系统的系统组成如下：

1. 软件开发操作环境子系统

构建与集成化硬件资源相适配的系统化、智能化、开放式的柔性集成软件体系。主要包括：系统软件平台、专用软件平台和控制站算法软件平台，该柔性集成软件体系主要应用于软件开发、数据处理和系统测试。

（1）Windows CE. NET 嵌入式系统 32 位操作系统环境

该环境支持多种处理器和多任务操作，支持大量视窗应用程序、图形显示和通信功能，为应用软件的开发和运行提供了强大支持；借助该操作系统功能和开发工具，可以迅速开发出能够在最新硬件上运行各种应用程序的智能化设计；利用该操作系统环境，能够实现 PC/104 控制器的管理，编制应用程序、驱动和通信程序等，能够提高数据处理能力和实时性。

（2）基于 μClinux 嵌入式操作系统环境

该环境经过对标准 Linux 内核的改动，形成一个高度优化、代码紧凑的嵌入式 Linux 系统；μClinux 具备稳定的移植性、优秀的网络功能、完备的对各种文件系统的支持以及标准丰富的 API，可以开发一系列支持 NFS、ext2、ROMfs and JFFS、MS – DOS 和 FAT16/32 等各种文件系统。

（3）虚拟仪器系统的开发环境

该资源环境充分发挥计算机的功能，集成了智能仪器、PC 仪器以及 GPIB、PXI、VXI 等总线系统的特长，数据吞吐量大、兼容性强、可扩展性好，能实现各种专用测试系统的标准化设计。

（4）智能数据处理应用软件包

基于智能全局分段去极值、平均数字滤波等算法的数据预处理系统及应用软件包，可提高测控系统采样精度；基于虚拟仪器的智能化数据处理软件系统，能够进行曲线智能分析处理以及特定模型与规则的构造、植入与优化，实现仪器系统的自动调节、参数校正及微量化、联用化、快速化的自动控制；基于模糊神经网络和预测算法结合模式的分析系统及应用软件包等。通过利用该资源，可实现仪器系统的自动检测、自动校正、自补偿、自诊断、最优化控制等自动化、智能化的功能设计与开发。

2. 测量与控制集成开发子系统

构建具有以低功耗高速 SOC 处理器系统为核心的测控子系统，利用该系统能够在保持低成本的同时，明显提升数据处理能力、自动化水平和测试速度，提高可靠性和测量精度。

　　构建具有多任务操作系统 Windows CE. net 支持的嵌入式高性价比自跟踪发电测控系统的子系统，利用该系能够显著提高系统的集成化、智能化和网络化的水平，同时能改善测量精度和系统稳定性。

　　构建具有基于虚拟仪器技术的测控子系统，利用该系统能够提高仪器的一体化、数字化和智能化水平，研发的新型仪器系统分析精度高，并具有结构简单、体积小、重量轻、操作方便和界面友好等特点。

　　3. 实验测试子系统

　　构建了实验测试子系统，进行自跟踪发电测控系统的系统特性、智能方法、系统硬件及软件系统的实验研究，进行有关的自跟踪发电测控系统多参量信号采集、信息分析、接口系统、传感器及中间转换的调试和实验，进行有关计量校准的测试和调试，进行光机电控制系统以及远程网络测控系统测试实验等。

6.4.6　典型光机电一体化仪器系统柔性集成评价验证

　　下面以自跟踪发电系统的监测控制器的研发为例，对前面描述的的可重构集成框架进行进一步说明和验证。

　　在的嵌入式软件平台上，运用可重构集成框架进行光伏发电系统的监测控制器的开发，流程见图 6.37 所示。

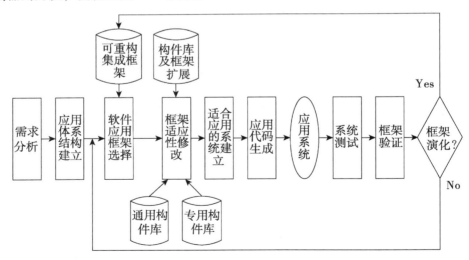

图 6.37　光伏发电系统监测控制器的可重构集成框架开发流程

首先通过需求分析建立光伏电站监测控制器的嵌入式软件体系结构，根据光伏电站监测控制器的系统特点，在平台上选择合适的可重构集成框架，同时对选择的框架做应用适应性修改。适应性修改包括两部分内容：系统结构的调整和系统功能的调整。

（1）系统结构的调整：每个具体光伏电站监测控制器的应用系统结构可能是一个可重构集成框架的部分结构，同时也可能包含两个可重构集成框架的部分结构。所以运用框架进行系统开发时，选择合适的框架是关键，可重构集成框架结构的调整也是很重要的。光伏充气膜建筑监测控制器的可重构集成框架实现是基于构件的，所以在该环境下，框架结构的调整十分的方便。

（2）系统功能的调整：每个具体光伏电站监测控制器的应用系统肯定拥有自身的需求特点，而可重构集成框架是规定了大范围的应用需求和流程，只是为应用开发提供了指导和骨架。

在光伏电站监测控制器具体开发时，需要替换相应的功能实现。光伏充气膜建筑监测控制器嵌入式软件平台提供的针对具体应用系统示范的专用构件库实现了多类设备的功能函数接口，可供开发者使用，当然开发者也可以在通用构件库的基础上实现具体的系统功能，同时如果开发需要的话，也可以通过扩展点添加构件或框架插件，丰富应用开发资源。

软件应用框架经过适应性修改后，通过 IDE 提供的编辑器和编译器等工具即可生成应用代码，交叉编译通过后下载至目标系统板就完成了系统开发。在开发过程中经过系统测试，可以验证光伏电站监测控制器框架的实用性和合理性，并可以根据验证结构决定是否需要进行框架的完善和演化等进一步的研究工作。

光伏发电系统的监测控制器，对光伏发电站运行状态进行参数采集和监控，保证供电系统的可靠稳定运行。

光伏电站监测控制器的硬件设计，如图 6.38 所示。其中包括 S3C44BOX 微处理器，Epson 公司生产的 G35 型 16 级灰度 LCD，8MB 的 SDRAM，16MB 的 NandFlash，2MB 的 Nor Flash，1×4 键盘，3 个 RS485 通信接口，JTAG 调试接口等。

光伏发电系统监测控制器通过扩展的传感器模块可检测蓄电池电压、蓄电池温度、环境温度、充电电流、负载电流、光强和风速 7 路系统检测参数，并控制相应的蓄电池充放电。

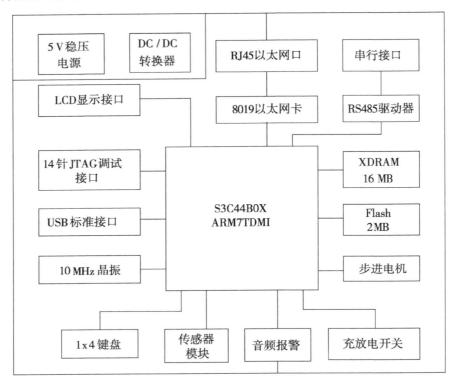

图 6.38 光伏电站基于以太网通讯的监测控制器硬件结构

自跟踪发电系统的光伏电站监测控制器的软件结构的设计，如图 6.39 所示。光伏充气膜建筑光伏电站监测控制器软件系统的初始化模块包括系统参数初始化，串口 RS485 初始化，以及网络初始化。它的事件查询可以实现 3 类事件处理：

（1）实现定时监控类事件处理：

定时监测网络的连接状态；定时把各类传感器测得的参数进行本地存储，并上传到远程服务器，定时给步进电机发送命令，使其实时跟踪太阳方位；定时巡检任务，进行各类设备和传感器的异常状况判断。

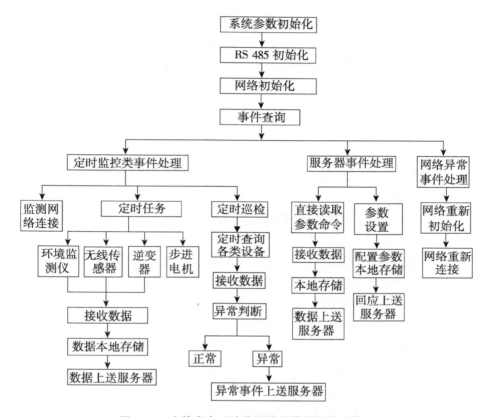

图 6.39　光伏发电系统监测控制器的软件结构图

（2）服务器事件处理

服务器对光伏充气膜建筑光伏电站监测控制器发出直接读取参数的命令，光伏充气膜建筑光伏电站监测控制器进行参数读取，在本地存储后，上送到远程服务器；远程服务器对定时时间等参数进行修改，监测控制器参数更新完毕后，回应服务器参数设置状况。

（3）网络异常事件处理

发现网络连接异常后，重新进行网络初始化，使网络重新连接。

自跟踪发电系统的光伏电站监测控制器根据事件处理类型执行相应的事件处理模块，事件处理的优先级从高到低分别是：服务器事件，网络异常事件，定时监控类事件，同时定时监控类事件处理时定时参数读取的优先级高于巡检。

从上述软件结构可以看出，自跟踪发电系统的光伏电站的监测控制器应用软件是一个典型的光伏充气膜建筑的监测控制器软件，采用相应的光伏充气膜建筑光伏电站监测控制器应用框架模型，根据光伏发电站的系统需求分析，进行框架扩展，实现了光伏发电站的监测控制器的框架复用的开发，提高了软件系统的开发效率，减少了出错率。

6.5　本章小结

通过典型光机电一体化仪器的柔性集成系统，快速柔性集成研发了系列光机电一体化仪器实验系统。从多类型、多品种仪器产品的研发角度，通过系列实验研究，验证了仪器柔性集成系统的集成化、柔性化、层次化以及其适用性的应用能力。主要研究结论如下：

（1）根据虚拟仪器技术和软件工程理论的设计思想，实验研究了热分析仪器系统。该虚拟仪器系统包含了数据采集、数据分析处理、人机交互界面等多种类型仪器功能。通过柔性化可重构虚拟控件与这些功能之间的互联通信实际应用，验证了控件的柔性与可重构性，具有很强的实际应用价值。

（2）利用仪器柔性集成系统提供的微处理器控制、光电分析信号转换、数字滤波与噪声抑制等技术与方法柔性集成了测色色差计实验系统。实验系统既保证了精密测量要求，又满足了便携性的小型化结构设计。按照国家标准的具体要求，对实验系统进行了多项性能检测与综合评价。

（3）利用仪器柔性集成系统提供的微处理器控制、光学图像处理、数字信号处理、虚拟仪器等技术与方法柔性集成了光栅单色仪实验系统。分析了光栅单色仪的控制系统主要构成，介绍了集成研发控制系统所需要的步进电机驱动和控制、光谱数据采集、计算机通讯等功能模块。柔性集成的光栅单色仪实验系统具有可视化人机交互、光谱数据采集、光谱曲线处理等仪器功能，经过对技术指标进行评价，验证了光栅单色仪产品的测量精度与重复性效果。

（4）通过分析自跟踪发电测控系统集成技术中的共性与非共性技术特征，提出了自跟踪发电测控系统柔性集成的体系框架，建立了自跟踪发电测控系统的软硬件协同的、柔性可重构的模块化、层次化设计方法，实现了自跟踪发电测控系统的研发设计、系统集成与优化、实验调试等环节成为一个多重闭环的柔性互联与共享，实现了自跟踪发电测控系统的协同研发，从而提高了研发速度和研发质量，降低了研发成本。

参考文献

［1］王大珩，胡柏顺．迎接 21 世纪挑战，加速发展我国现代仪器事业 ［J］．科技导报，2000，9：3－6.

［2］中华人民共和国外交部．美国联邦政府对传统产业改造的支持［EB/OL］. (2004 － 4 － 5)［2007］. http：//www. fmprc. gov. cn/chn/pds/ziliao/zt/ywzt/wzzt/jjywj/t82411. htm

［3］加拿大自然科学与工程研究理事会. http：//www. nserc － crsng. gc. ca/

［4］周骆斌，冯冬芹，褚健．工业自动化仪表的发展趋势 ［J］．电工技术杂志，2004 (3)：1－6.

［5］张毅冰．我国仪器仪表产业现状和亟待解决的问题 ［J］．决策探索，2007，(2)：22－23.

［6］中华人民共和国科学技术部．国家"十一五"科学技术发展规划［EB/OL］. (2006 － 10 － 31)［2008 － 3 － 1］. http：//www. most. gov. cn/ztzl/qgkjgzhy/2007/2007syw/200701/t20070124_ 39953. htm.

［7］林玉池．测量控制与仪器仪表前沿技术及发展趋势 ［M］．天津：天津大学出版社，2005.

［8］Proceedings of 7th International Symposium on Measurement Technology and Intelligent Instruments (ISMTII' 2005)［C］. Journal of Physics (Institute of Physics PUBLISHING, UK), Conference Series jpconf. iop. org, Vol13, 2005.

［9］我国仪器仪表发展的战略研究 ［EB/OL］. (2004 － 09 － 23)［2008 － 5 － 20］. http：//tech. ccicc. cn/2004/09 － 23/27740. html

［10］中国仪器仪表学会．现代仪器仪表的发展和未来五年我国对仪器仪表市场需求的分析报告 ［EB/OL］. (2006 － 9 － 27)［2008 － 3 － 2］. http：//www. dzsc. com/news/html/2006 － 9 － 27/20344. html.

［11］Li C. X. , He X. Z. . The study and application of instrumentation intelligent zed reliability engineering〔J〕. Automation & Instrumentation, 2007,（5）: 29 – 31.

〔12〕Zhi H. L.. Embedded system and its support for instrumentation technology〔J〕. Process Automation Instrumentation, 2007, 28（3）: 1 – 7.

〔13〕崔宇丹, 潘佳. 新产品开发风险与策略〔J〕. 职业圈, 2007, 4 （56）: 51 – 52.

〔14〕Altshuller. G. S.. To find an idea: introduction to the theory ofinventive problem solving（2nd ed）〔M〕. Novosibirsk: Nauka, 1991.

〔15〕Pahl G., Beitz W.. Engineering Design: A systematic approach〔M〕. Springer, 1988.

〔16〕F. Pezzella, G., Morganti, G., Ciaschetti. A genetic algorithm for the Flexible Job – shop Scheduling Problem〔J〕. Computers & Operations Research, 2008, Vol. 35: 3202 – 3212.

〔17〕Imed Kacem, Slim Hammadi, Pierre Borne. Pareto – optimality approach for flexible job – shop scheduling problems: hybridization of evolutionary algorithms and fuzzy〔J〕. Mathematics and Computers in Simulation, 2002, Vol. 60: 245 – 276.

〔18〕廖红华, 黄鹏, 胡筱婧. 智能化仪器仪表技术发展综述〔J〕. 电工技术, 2007,（01）: 1 – 3.

〔19〕Andrei D., Tornatore M., Martel CU., Mukherjee B.. Flexible Scheduling of Multicast Sessions with Different Granularities for Large Data Distribution over WDM Networks〔C〕. IEEE Global Telecommunications Conference（Globecom）, 2009: 2576 – 2581.

〔20〕檀润华. 发明问题解决理论〔M〕. 北京: 科学出版社, 2004.

〔21〕根里奇·斯拉维奇·阿奇舒勒著, 谭培波, 茹海燕, Wenling Babbitt 译. 创新算法——TRIZ、系统创新和技术创造力〔M〕. 武汉: 华中科技大学出版社, 2008.

〔22〕Ma C., Xiong J. P., Jia H. B.. Flexible Platform Design for Electromechanical Detection and Control System〔J〕. Chinese Journal of Scientific Instrument, 2006, 27（6）: 1472 – 1473.

〔23〕T. Hoske Mark. Flexible Digital I/O Module〔J〕. Control Engineering,

2006, 26 (1)：48 – 51.

［24］宋阳，王秀伦，李云鹏，于晓春. 基于并行工程的产品数据管理系统应用研究［J］. 齐齐哈尔大学学报，2007，23（03）：53 – 56.

［25］黄红星，张和明，熊光楞. 并行工程中产品信息集成研究［J］. 计算机工程与应用，2002（10）：30 – 32

［26］Bronsvoort F, Noort A.. Multiple – view Feature Modeling for Integral Product Development［J］. Computer – Aided Design，2004，36（5）：929 – 946.

［27］Moll Jan van, Jacobs Jef, Kusters Rob, et al. Defect Detection Oriented Life Cycle Modeling in Complex Product Development［J］. Information and Software Technology，2004，46（10）：665 – 675.

［28］Nanua Singh. Integrated Product and Process Design：a Multi – objective Modeling Framework［J］. Robotics and Computer Integrated Manufacturing，2002（18）：157 – 168.

［29］马骋，熊剑平，贾惠波. 机电测控系统模块化柔性硬件平台的设计［J］. 仪器仪表学报，2006，27（6）：1472 – 1473.

［30］Kathy Spurr. Computer Support for Cooperative Work. CSCW Introduction［M］. John Wiley & Sons Ltd，1994.

［31］任献彬. ATS 中的仪器可互换技术［J］. 宇航计测技术，2006，26（1）：48 – 51.

［32］杨湘，王湘祁，王跃科. 综合测试技术网络化的研究［J］. 仪器仪表学报，2001，22（3）：276 – 277.

［33］周建涛，史美林，叶新铭. 柔性工作流技术研究的现状与趋势［J］. 计算机集成制造系统，2005，11（11）：1501 – 1510.

［34］范玉顺，吴澄，石伟. CIMS 应用集成平台技术发展现状与趋势［J］. 计算机集成制造系统，1977，3（5）：3 – 8.

［35］R. Medina Mora, H. Wong, P. Flores. The Action Workflow Approach to Workflow Management［C］. Proceedings of The 4th Conference on Computer – Supported Cooperative Work，1992：553 – 556.

［36］Haluk Demirkan, Robert J Kauffman, Jamshid A Vayghan, et al. Service oriented Technology and Management：Perspectives on Research and Practice for the Coming Decade［J］. Electronic Commerce Research and Applications，2008，7

（4）：356 – 376.

［37］Harinder Jagedv，Laurentiu Vasiliu，Jim Brwne，et al. A Semantic Web Service Environment for B2B and B2C Auction Applications within Extended and Virtual Enterprises ［J］. Computers in Industry，2008，59（8）：786 – 797.

［38］Patricia M Swafford，Soumen Ghosh，Nagesh Murthy. Achieving Supply chain Agility through IT Integration and Flexibility ［J］. International Journal of Production Economics，2008，116（2）：288 – 297.

［39］Ashish agarwal，Ravi Shankar，M K Tiwari. Modeling Agility of Supply Chain ［J］. Industrial Marketing Managemet，2007，36（4）：443 – 457.

［40］Ahmad Barari，Hoda A. ElMaraghy，Waguih H. ElMaraghy. Design for Manufacturing of Sculptured Surfaces：A Computational Platform ［J］. Journal of Computing and Information Science in Engineering，2009，9：021006（1 – 13）.

［41］殷国富，于静，胡晓兵. 面向信息时代的机械产品现代设计理论与方法研究进展 ［J］. 四川大学学报（工程科学版），2006，38：38 – 47.

［42］史康云，江屏，闫会强，檀润华. 基于柔性产品平台的产品族开发 ［J］. 计算机集成制造系统.2009，15（10）：1880 – 1889.

［43］倪得兵，唐小我. 决策柔性的一般定义、模型与价值 ［J］. 管理科学学报.2009，12（1）：18 – 27.

［44］Barari，A.，ElMaraghy，H. A.，and Knopf，G. K.. Search—Guided Sampling to Reduce Uncertainty of Minimum Zone Estimation ［J］. ASME J. Comput. Inf. Sci. Eng.，2007，7（4）：360 – 371.

［45］Chen H Y.，Chang Y M.. Extraction of product form features critical to determining consumer spperceptions of product image using a numerical definition based systematic approach ［J］. International Journal of Industrial Ergonomics，2009，39（1）：133 – 145.

［46］S. Ottosson.，Stig. Dynamic Product Development of A New Intranet Platform ［J］. Technovation，2003，23（8）：132 – 145.

［47］Nandita Vijay. China's Strong R&D，Competitive Manufacturing Capability Lures Global Majors to Out – source Products ［M］. India：Pharmabiz，2006.

［48］Ruan X G，Wang J L，Li H，et al. A method for cancer classification using ensemble neural networks with gene expression profile ［C］. The 2nd Int Conf on Bioinformatics and Biomedical Engineering. 2008：342 – 346.

［49］ Zhang C X, Zhang J S.. A local boosting algorithm for solving classification problems ［J］. Computational Statistics and Data Analysis, 2008, 52 （4）: 1928 – 1941.

［50］ Kazi M. Rokibul A, Md M.. Combining boosting with negative correlation learning for t raining neural network ensembles ［C］. Int Conf on Information and Communication Technology. Dhaka, 2007：68 – 71.

［51］ Kim K J, Cho S B.. Evolutionary ensemble of diverse artificial neural networks using speciation ［J］. Neurocomputing, 2007, 29 （2）: 101 – 115.

［52］ David A, Pat rick M, Christopher M, et al. UCI machine learning repository ［EB/OL］. http：//www. ics. uci. edu/ ~ mlearn/MLRepository. html, 2008 – 06 – 08.

［53］ Avci E.. Selecting of the optimal feature subset and kernel parameters in digital modulation classification by using hybrid genetic algorithm – support vector machines：HGASVM ［J］. Expert Systems with Applications, 2009, 36 （2）: 1391 – 1402.

［54］ Xu X. L., Zuo Y. B., Wu G. X.. Flexible Developing System for Modern Instrument Manufacturing ［J］. Journal of Beijing Instritute of Technology, 2008, 17 （4）: 388 – 394.

［55］ 徐小力，梁福平，吴国新，等. 现代仪器集成系统的柔性集成机制与系统构成 ［J］. 北京信息科技大学（自然科学版），2009，24（2）：19 – 23.

［56］ 徐赐军，李爱平，刘雪梅. 基于本体的知识融合框架 ［J］. 计算机辅助设计与图形学学报. 2008，22（7）：1230 – 1236.

［57］ 冯强，任羿，曾声李，等. 基于本体的产品综合设计多视图模型研究 ［J］. 计算机集成制造系统. 2009，15（4）：633 – 638.

［58］ 张国辉，高亮，李培根，等. 改进遗传算法求解柔性作业车间调度问题 ［J］. 机械工程学报. 2009，45（7）：145 – 151

［59］ Mainenti I., DeSouza L. C. G., Sousa L. D., et al. Satellite Attitude Control Using the Generalized Extremal Optimization with a Multi – objective Approach ［C］. Proceedings of COBEM, 2007.

［60］ Boothroyd G.. Product Design for Manufacture and Assembly. Comput

［J］. Aided Des. 1994，26：505－515.

［61］Gadalla M. A.，ElMaraghy W. H.. Tolerancing of Free Form Surfaces［C］. Proceedings of the Fifth CIRP International Seminar on Computer. Aided Tolerancing，1997：267－277.

［62］Nassef A. O.，ElMaraghy，H. A.. Allocation of Geometric Tolerances：New Criterion and Methodology［J］. CIRP Ann. 1997，46（1）：101－106.

［63］徐小力，左云波，吴国新. 面向现代仪器制造的柔性集成系统 IFDS［J］. 仪器仪表学报，2008，29（4）：679－683.

［64］Wu G. X.，Xu X. L.，Zuo Y. B.，et al. Technological Innovation of Modern Instrument Manufacturing［C］. International Symposium on Test Automation and Instrumentation，2010，Vol. 1：344－349.

［65］张玲红，张广泉. UML 在运输业务管理系统建模中的应用［J］. 计算机工程与应用. 2004，40（14）：207－209.

［66］冯培恩，邱清盈，潘双夏，等. 机器广义优化设计的理论框架［J］. 中国机械工程，2000，11：126－129.

［67］E. Sprow. Chrysler's Concurrent Engineering Challenge［J］. Manufacturing Engineering，1992，108（4）：35－42.

［68］牛占文，徐燕申，林岳，郭建强，李立. 发明创造的科学方法论——TRIZ［J］. 中国机械工程，1999，10（1）：84－89.

［69］Xu Xiaoli，Liu Qiushuang. Study on Distributed Knowledge Dynamic Integration and Fusion of Flexible R&D Platform for Solar Concentration Photovoltaic System［C］. 2011 International Conference on Intelligent Computation Technology and Automation，2011，Ⅱ：203－206.

［70］Liu Qiushuang，Xu Xiaoli，Wu Guoxin. Flexible Evaluation System for the Fexible Platform Oriented Towards the Research and Development of Modern Instruments［C］. The 2011 Chinese Control and Decision Conference，2011：3582－3585.

［71］杨清亮. 发明是这样诞生的：TRIZ 理论全接触［M］. 北京：机械工业出版社，2007.

［72］牛占文，徐燕申，林岳，等. 实现产品创新的关键技术——计算机辅助创新设计［J］. 机械工程学报，2000，36（1）：11－14.

［73］ Corney J. , Hayes C. , Sundararajan V. Wright P. . The CAD/CAM Interface: A 25 – Year Retrospective ［J］ . ASME J. Comput. Inf. Sci. Eng. 2005, 5: 188 – 197.

［74］ E. Zitzler, L. Thiele. Multiobjective evolutionary algorithms: A comparative case study and the strength Pareto approach ［J］ . IEEE Trans. Evolutionary Computation, 1999, 3 (9): 257 – 271.

［75］ 张青斌, 丰志伟, 刘泽明, 杨涛 . 基于 MOEA/D 的柔性结构燃料 – 时间多目标优化控制研究 ［J］ . 国防科技大学学报 .2009, 31 (6): 73 – 76, 105

［76］ Nassef A. O. , ElMaraghy H. A. . Statistical Analysis and Optimal Allocation of Geometric Tolerances ［C］ . Proceedings of the Computers in Engineering Conference and the Engineering Database Symposium, ASME, 1995: 817 – 823.

［77］ Ji S. , Li X. , Cai M. , Cai H. . Optimal Tolerance Allocation Based on Fuzzy Comprehensive Evaluation and Genetic Algorithm ［J］ . Int. J. Adv. Manuf. Technol, 2000, 16: 461 – 468.

［78］ K. Deb. S. Agrawal. A. Pratap, et al. A Fast Elitist Non – dominated Sorting Genetic Algorithm for Multi – objective Optimization: NSGA – II. Kanpur ［R］ . Indian Institute of Technology Kanpur. KanGAL Rep. 200001, 2000.

［79］ 周箭 . 虚拟仪器及其技术研究 ［J］ . 浙江大学学报, 2000, 34 (6): 686 – 689.

［80］ Qin S. R. . Intelligent Virtural Controls——New Concept of Virtual Instrument ［C］ . Proceedings of 2nd ISIST, 2002, 1: 75 – 79.

［81］ 李朝辉 . 基于构件复用技术的组态模型及平台研究 ［D］ . 大连: 大连理工大学, 2005.

［82］ Lo C. C. , Hsiao C. Y. . A Method of Tool Path Compensation for Repeated Machining Process ［J］ . Int. J. Mach. Tools Manuf. 1998, 38 (3): 205 – 213.

［83］ Liu Qiushuang, Xu Xiaoli, Yongfeng Chen. Study on PID Neural Network Decoupling Control of Pneumatic Membrane Structure Inflation System ［C］, 2010 International Symposium on Information and Automation, 2010: 704 – 710.

［84］ Liu Qiushuang, Xu Xiaoli. PID neural network control of a membrane structure inflation system ［J］ . Frontiers of Mechanical Engineering, 2010, 5 (4):

418 – 422.

［85］ElMaraghy H. A. , Barari A. , Knopf G. K. . Integrated Inspection and Machining for Maximum Conformance to Design Tolerances ［J］. CIRP Ann. , 2004, 53 (1): 411 – 416.

［86］M. Shaw, D. Garlan. Software Architecture ［M］. Prentice Hall, 1996.

［87］D. F. D. Ouaz, A. C. . Wills. Objects, Components and Frameworks with UML ［M］. Addison Wesley: The Catalysis Approach, 1998, http://www. icon-comp. com.

［88］A. M. Zaremski, J. M. Wing. Specification Matching of Software Components ［C］. ACM Transactions on Software Engineering and Methodology (TOSEM), 1997: 1126 – 1130.

［89］U. Kuln, Ein. Praxisnahe einstellregel Fuer PID – regler: Die T – Summen – Regel ［J］. Automatisier Umgste Chmische Praxis, 1995, 37 (5): 115 – 119.

［90］He S. Z. , Tan S. , Wang P. Z. . Fuzzy Self – tuning of PID Controllers ［J］. Fuzzy Sets & Syst, 1993, 56: 37 – 46.

［91］王伟, 张晶涛, 柴天佑. PID 参数先进整定方法综述 ［J］. 自动化学报, 2000, 26 (3): 347 – 355.

［92］王繁臻, 张嘉琪, 谢秀荣, 等. 基于虚拟仪器的智能 PID 算法对化学反应过程温度的控制研究 ［J］. 化工自动化及仪表, 2004, 31 (5): 62 – 64.

［93］B. Andrievsky, A. Fradkov. Implicit Model Reference Adaptive Controller Based on Feedback Kalman – Yakubovich Lemma ［C］. The Proceedings of the IEEE Conference on Control Applications. Scotland UK, 1994: 1171 – 1174.

［94］任永杰, 邾继贵, 杨学友, 叶声华. 机器人柔性视觉检测系统现场标定技术 ［J］. 机器人. 2009, 31 (1): 82 – 87

［95］Barari A. , ElMaraghy H. A. , Knopf G. K. , Orban P. . Integrated Inspection and Machining Approach to Machining Error Compensation: Advantages and Limitations ［C］. Proceedings of FAIM, Toronto, 2004: 563 – 572.

［96］陈希平, 毛海杰, 李纬. 基于 MATLAB 的奇异信号检测中小波基选择研究 ［J］. 计算机仿真, 2004. 11: 48 – 50, 67.

［97］李宁, 张元培, 朱立军. 在 LabVIEW 中使用 MATLAB 工具箱 ［J］. 仪器仪表标准化与测量, 2003. 6: 22 – 25.

［98］ D. Hirsch, P. Inverardi, U. Montanari. Graph Grammars and Constraint Solving for Software Architecture Styles ［C］. Proceedings of The 3td Inernational Software Architecture Workshop（ISAW－3），1998：69－72.

［99］Jia X. . A Distributed Software Architecture Design Framework Based on Attributed Grammar ［J］. Journal of Zhejiang University Science, 2005（6A）：513－518.

［100］孙戍，关文天，贾炘. 基于设计特征的特征转换技术研究 ［J］. 现代制造工程，2007，（6）：57－59.

［101］吴峨. 基于神经网络的多目标评价 ［J］. 决策与决策支持系统，1995，5（1）：87－92.

［102］祝世京，陈珽. 基于神经网络的多目标评价 ［J］. 系统工程理论与实践，1994（9）：75－80.

［103］P Jorg, Muller. Architecture and applications of intelligent agents：a survey ［J］. The knowledge Engineering Review, 1998, 13（4）：353－380.

［104］ T. W. Kenny, W. J. Kaiser. Micromachined Tunneling Displacement Transducers for Physical Sensors ［J］. Journal of Vaccum Sciences Technology, 1993, 11（4）：797－801.

［105］JJF1094—2002. 测量仪器特性评定 ［S］. 北京：中国计量出版社，2003.

［106］JJF1033—2001. 计量标准考核规范 ［S］. 北京：中国计量出版社，2001.

［107］R. McDonald. The Effect of Non－uniformity n Anlab Color Space on The Interpretation of Visual Color Differences ［J］. Soc Dyers Color, 1974, 90：189－198.

［108］R. W. G. Hunt. Measuring Color（2nd ed）［M］. Chichester：Ellis Horwood, 1991.

［109］JB/T 5595－1991. 测色色差计 ［S］. 中华人民共和国机械工业部，北京：机械工业出版社，1992.

［110］JJG595－2002. 测色色差计检定规程 ［S］. 中华人民共和国国家计量检定规程，北京：中国计量出版社，2002.

［111］邓世虎，张荣君，倪卫明，等. 智能化多光栅单色仪的研制 ［J］.

红外与毫米波学报，2002，21：133－137.

［112］Duke Shearlean. Spectrometers have become basic tools on the Production line［J］. Quality Progress, 1991, 24（7）：82－84.

［113］谷玉海，徐小力，胡宪能，等. USB 总线的双光栅单色仪控制系统设计［J］. 北京机械工业学院学报，2007，22（2）：35－38.

［114］王宇. 小型光纤光谱仪的研究［D］. 天津：天津大学，2006.

［115］R. Kingslake. Applied Optics and Optical Engineering［M］. New York and London：Academic Press, 1969.

［116］郑全利，董超林. 44W 光栅单色仪的原理与结构［J］. 光学仪器，1980，（4）：54－58.

［117］吴国新，刘丽娜，蔡云龙，徐小力. Study on detection method based on multiple information from instantaneous disequilibrium of thermal flow. ISTAI' 2014. Vol. 1：290－295.

［118］张志军，徐小力，吴国新. 基于 LabVIEW 和 Wi－Fi 技术的无线数据采集系统. 化工自动化及仪表，2013，40（3）：367－371.

［119］赵鹏飞，许宝杰，吴国新，左云波. 小型风力发电系统最大功率控制方法综述. 机电工程技术，2013，42（10）：48－49，94.

［120］陈晓磊，徐小力，吴国新. 物联网架构下风力发电机组远程状态监测系统设计. 机械研究与应用，2012，122（6）：167－169.

［121］Wu Guoxin, Shi Yanhui, Gu Yuhai, Xu Xiaoli. Realization and analysis of signal gain for precision centrifuge based on LabVIEW. Chinese Journal of Scientific Instrument, 2012, Vol. 1：p. 288－294.

［122］Shi Yanpeng, Wu Guoxin, Zhu Chunmei. Research on multi－attribute comprehensive evaluation method for instrument integration development. International Symposium on Test Automation and Instrumentation（ISTAI' 2012）［C］, 2012, Vol. 1：p. 328－333（EI 20133216588310）.

［123］Wu Guoxin, Xu Xiaoli, Wang Hongjun. Self－adaptive selection and Decision Optimizing Method of Failure Prediction Based on Equipment Vibration Signal. ISMCME2010：Proc. of SPIE Vol. 7997 79973T－（1－7）（EI：2011291416 2918）

［124］徐小力，吴国新，刘秋爽. 现代仪器制造的柔性化集成开发研究.

仪器仪表学报 [J]. 2011, 32 (6)：143 – 148.

[125] Wu Guoxin, Xu Xiaoli. Multi – objective Optimization Algorithm for Instrument Integrated Development. International Conference on Frontiers of Manufacturing and Design Science [C], 2010, Vols. 44 – 47 p：3487 – 3491.

[126] 阚哲, 孟国营, 王晓蕾, 李成志. 基于遗传算法的炉膛温度场重建算法研究 [J]. 电子测量与仪器学报, 2014, 10：1149 – 1154.

[127] 浦广益. ANSYS Workbench 基础教程与实例详解 [M]. 北京：中国水利水电出版社. 2010：89 – 90.

[128] 王晓娜, 曾颖, 张炜, 叶树亮, 袁若浩. 差示扫描量热仪炉膛温度场仿真研究 [J]. 计算机与应用化学, 2014, 05：551 – 554.

[129] 廖宁波, 周静雷. 基于 ANSYS Workbench 的微型扬声器振膜的有限元分析 [J]. 电子测量技术, 2014, 09：45 – 49.

[130] 马占龙, 王高文, 张健, 谷勇强, 代雷, 彭利荣. 基于有限元及神经网络的磨削温度仿真预测 [J]. 电子测量与仪器学报, 2013, 11：1080 – 1085.

[131] 吴国新, 谷玉海, 张凤山. 精密离心机综合检测系统开发 [J]. 设备状态监测与故障诊断技术及其工程应用. 北京：机械工业出版社, 2010.10：319 – 323.

[132] 吴国新, 谷玉海, 徐小力. 机车涡轮增压器状态监测和故障诊断实验研究 [J]. 设备状态监测与故障诊断技术及其工程应用. 北京：机械工业出版社, 2010.10：417 – 420.

[133] 徐小力, 左云波, 吴国新. 量子神经网络在旋转机组状态趋势预测中的应用 [J]. 机械强度, 2010, 32 (4)：526 – 530.

[134] 宛静. 热分析技术概述及其应用 [C]. 第九届长三角科技论坛——航空航天科技创新与长三角经济转型发展分论坛论文集. 2012.

[135] Peter E. Meier, dipl. Eng., ETH. 反应量热器白皮书 [DB/OL]. http：//www. systag. cn/applications/reac tion calorimeter. html

[136] 朴玉玲. 热分析技术应用综述 [J]. 广东化工, 2012, 39 (6)：45, 44.

[137] 薛明德, 向志海. 大型空间结构的热 – 动力学耦合问题及其有限元分析 [J]. 固体力学学报, 2011, 32：319 – 330.

[138] 沈淳, 孙凤贤, 夏新林, 曹占伟, 于明星, 王振峰. 局部多孔壁——

内腔结构的气动加热瞬态特性［J］. 宇航学报，2012，33（8）：1006 –1013.

［139］张向宇，程强，周怀春. 加热炉断面温度场和固相辐射参数检测研究［J］. 工程热物理学报，2011，32：287 –291.

［140］Vilchiz - Bravo，L. E.，Handy，B. E. Heat - Flow and Temperature Control in Tian - Calvet Microcalorimeters：Toward Higher Detection Limits［J］. Measurement Science and Technology，2010，Vol. 21（11）111 –117.

［141］史伟，李志霞，杨莉，赵江涛. 测量不确定度与不确定性原理的概念辨析［J］. 物理测试，2016，34（03）：58 –60.

［142］王承忠. 测量不确定度原理及在理化检验中的应用［J］. 理化检验—物理分册，2003，39（1）：57 –60.

［143］Shafer G. A Mathematical Theory of Evidence［M］. Princeton：Princeton University Press，1976.

［144］Smets P. Belief Functions：The disjunctive rule of combination and the generalized Bayesian theorem［J］. International Journal of Approximate Reasoning，1993，41（9）：1 –35.

［145］王耀南，李树涛. 多传感器信息融合及其应用综述［J］. 控制与决策. 2010，16（5）：518 –521.

［146］徐晓滨，王玉成，文成林. 基于诊断证据可靠性评估的信息融合故障诊断方法［J］. 控制理论与应用. 2011，28（4）：504 –510.

［147］Xu Xiaoli，Liu Qiushuang，Zuo Yunbo. A Study on All - Weather Flexible Auto - Tracking Control Strategy of High - Efficiency Solar Concentrating Photovoltaic Power Generation System［C］. 2010 Second Global Congress on Intelligent Systems，2010，Ⅱ：375 –378.

［148］Liu Qiushuang，Xu Xiaoli. The Research on the Flexible Integrated Research Platform of the Solar Energy Photovoltaic System［C］. 2010 2nd International Conference on Intellectual Technology in Industrial Practice，2010，Ⅰ：491 –493.

［149］Liu Qiushuang，Xu Xiaoli. Application of Flexible Fuzzy Control in Membrane Structure Inflation System［C］. The International Conference on E - Product，E - Service and E - Entertainment，2010，Ⅵ：3673 –3676.（EI 收录号：20110 313605173）

［150］刘秋爽，佟伟，张凤山，谷玉海. 基于组态思想的充气膜建筑智能

控制系统 [C]，第十四届全国设备监测与诊断学术会议论文集，北京：机械工业出版社，2010：335 - 338.

[151] Xu Xiaoli, Liu Qiushuang. Signal Conditioning Circuit Design Method Based on Case – based Reasoning [C] . 2011 International conference on Information Engineering, Management and Control, 2011, 171 - 172：719 - 722.

[152] Liu Qiushuang, Xu Xiaoli. IFDS Operation Mechanism and Its Implementation [C] . International Conference on Electric Information and Control Engineering, 2011, 6366 - 6368.

[153] Xu Xiaoli, Liu Qiushuang. Studying on the Creation and Integration Mechanism of Instrumentation Flexible Developing System [J] . Frontiers of Mechanical Engineering, 2011, 6 (2)：235 - 240.

[154] Xu Xiaoli, Liu Qiushuang, Wu Guoxin. Restudying on the Concept, Mechanism and Composition of Instrumentation Flexible Developing System [C] . Proceedings 9th international Conference on Electronic Measurement & Instruments the IEEE Press, 2009, Ⅲ：3269 - 3274.

[155] 李琼慧，郭基伟，王乾坤 . 2030 年世界能源与电力发展展望 [J] . 电力技术经济，2009 (4)：4 - 9.

[156] 刘邦银，蔡涛，段善旭 . 建筑集成光伏的发展概述 [J] . 高科技与产业化，2009 (3)：3.

[157] 刘邦银 . 建筑集成光伏系统的能量变换与控制技术研究 [D] . 武汉：华中科技大学，2008.

[158] 湖北省气象局 . 太阳能光伏发电预报系统和服务试点建设[EB/OL] . 2011 - 03 - 30. http：//www. tqtonline. com. cn：8900/solar/qxj/AllnewsView. asp? cid = 43&nid = 106.

[159] 谢世涛 . 光伏建筑一体化技术及应用 [J] . 门窗，2007 (9)：42 - 45.

[160] 傅诚 . 光伏并网发电系统及其控制策略的研究 [D] . 广州：中山大学，2010.

[161] 朱知洋，张光春，施正荣 . 国家体育场（鸟巢）100kW 光伏并网发电系统设计 [C] . 第十届中国太阳能光伏会议，常州，2008：220 - 223.

[162] 周林，武剑，栗秋华，等 . 光伏阵列最大功率点跟踪控制方法综述 [J] . 高电压技术，2008, 34 (6)：10.

［163］ N Patcharaprakiti, S Premrudeepreechacharn. Maximum power point tracking using adaptive fuzzy logic control for grid – connected photovoltaic system ［C］. Power Engineering Society Winter Meeting, New York, 2002: 372 – 377.

［164］耿欣，林中达，蔡小燕. 提高光伏发电效率的现状及发展趋势［J］. 上海电力，2010（3）：185 – 187.

［165］沈奇. 光电池板自动跟踪系统设计［J］. 科技资讯，2009（20）：46.

［166］陈建彬，沈惠平，丁磊，等. 太阳能光伏发电二轴跟踪机构的研究现状及发展趋势［J］. 机械设计与制造，2010（8）：264 – 266.

［167］李光明，刘祖明，何京鸿，等. 基于多元线性回归模型的并网光伏发电系统发电量预测研究［J］. 现代电力，2011（2）：43 – 48.

［168］丁明，徐宁舟. 基于马尔可夫链的光伏发电系统输出功率短期预测方法［J］. 电网技术，2011（1）：152 – 157.

［169］卢静，翟海青，刘纯，等. 光伏发电功率预测统计方法研究［J］. 华东电力，2010（4）：563 – 567.

［170］张岚，张艳霞，郭嫦敏，等. 基于神经网络的光伏系统发电功率预测［J］. 中国电力，2010（9）：75 – 78.

［171］董密. 太阳能光伏并网发电系统的优化设计与控制策略研究［D］. 长沙市：中南大学，2007.

［172］熊远生，俞立，徐建明，等. 固定电压法结合扰动观察法在光伏发电最大功率点跟踪控制中应用［J］. 电力自动化设备，2009，29（6）：4.

［173］徐小力，张福学，苏中，等. 现代仪器制造柔性研发平台的创建及系列产品开发与应用［J］. 中国科技奖励，2009（10）：138 – 139.

［174］左云波. 太阳能光伏发电系统关键技术研究及其研发平台构建（博士后出站报告）［D］. 北京：北京理工大学，2010.

［175］熊远生. 太阳能光伏发电系统的控制问题研究［D］. 杭州市：浙江工业大学，2009.

［176］II – Song Kim, Myung Bok, Myung – Joong Youn. New Maximum Power Point Tracker Using Sliding – Mode Observer for Estimation of Solar Array Current in the Grid – Connected Photovoltaic System ［J］. IEEE Transactions on Industrial Electronics, 2006, 53（4）：1027 – 1035.

[177] Gow J. A. , Manning C. D. Development of a photovoltaic array model for use in power – electronics simulation studies [J] . IEE Proc. Electr. Power Appl, 1999, 146 (2): 193 –200.

[178] 杨鲁发. 光伏并网发电系统 MPPT 和孤岛检测技术的研究和实现 [D] . 保定市: 华北电力大学（河北）, 2010.

[179] H Hussein K. , I Muta, T Hoshino, et al. Maximum photovoltaic power tracking: an algorithm for rapidly changing atmospheric conditions, generation, transmission and distribution [C], IEE proceedings, 1995, 142 (1): 59 –62.

[180] 龙腾飞, 丁宣浩, 蔡如华. 太阳电池最大功率点跟踪的三点比较法理论分析 [J] . 节能, 2007 (8): 14 –17.

[181] Van Dyk E. E. , Gxasheka A. R. , Meyer E. L. Monitoring current – voltage characteristics of photovoltaic modules [C] . Proceedings of the 29th IEEE Photovoltaic Specialists Conference, New Orleans, Louisiana, 2002: 1516 –1519.

[182] 谢磊. 模糊控制在光伏充电系统中的应用研究 [D] . 合肥: 合肥工业大学, 2006.

[183] 杨培环. 高精度太阳跟踪传感器与控制器的研究 [D] . 武汉: 武汉理工大学, 2010.

[184] 韩延民, 代彦军, 王如竹. 太阳能高倍聚光的方案优化及装置构建 [J] . 上海交通大学学报, 2009, 43 (2): 261 –265.

[185] 左云波, 徐小力, 白廷柱. 万向节式太阳跟踪方法及跟踪装置[J] . 机械设计与制造, 2011 (8): 126 –128.

[186] 徐小力, 左云波, 刘秋爽, 等. 一种太阳能采集装置中柔性太阳跟踪方法及系统 [P]: 中国, ZL200910238106.4, 2010 –06 –09.

[187] 耿其东, 李春燕. 双轴式太阳跟踪装置控制系统的研究 [J] . 机械与电子, 2011 (3): 53 –56.

[188] 周培涛, 李成贵, 刘绍宗, 等. 高精度双轴太阳跟踪控制器设计 [J] . 电光与控制, 2011 (4): 81 –84.

[189] 侯长来. 太阳跟踪装置的双模式控制系统 [J] . 可再生能源, 2010 (1): 89 –92.

[190] Arbab H. , Jazi B. , Rezagholizadeh M. A computer tracking system of solar dish with two – axis degree freedoms based on picture processing of bar shadow

[J]. Renewable Energy，2009，34：1114 –1118.

[191] 左云波，徐小力，白廷柱，等. 全天候太阳方位跟踪控制系统的设计 [J]. 可再生能源，2011（1）：86 – 89.

[192] 徐小力，左云波，刘秋爽，等. 太阳能光伏发电全天候自跟踪系统 [P]：中国，ZL200910086876. 1，2009 – 11 – 11.

[193] BASHIR Z. A.，EIHAWARY M. E. Applying Wavelets to Short – Term Load Forecasting Using PSO – Based Neural Networks [J]. IEEE Trans Power Syst，2009，24（2）：20 – 27.

[194] 刘波. 粒子群优化算法及其工程应用 [M]. 北京：电子工业出版社，2010.